我不是女神

李洁 著

世上没有走不通的路
坚守自我，心存良善

新华出版社

图书在版编目（CIP）数据

我不是女神 / 李洁著 . -- 北京 : 新华出版社，
2019.7

ISBN 978-7-5166-4768-4

Ⅰ . ①我… Ⅱ . ①李… Ⅲ . ①女性 – 人生哲学 – 通俗读物 Ⅳ . ① B821-49

中国版本图书馆 CIP 数据核字 (2019) 第 150705 号

我不是女神

作　　者：李　洁

责任编辑：徐文贤　　**封面装帧：**北京安帛图文设计中心

出版发行：新华出版社
地　　址：北京石景山区京原路 8 号　**邮编：**100040
网　　址：http：//www.xinhuapub.com
经　　销：新华书店、新华出版社天猫旗舰店、京东旗舰店及各大网点
购书热线：010-63077122　　**中国新闻书店购书热线：**010-63072012

排　　版：北京安帛图文设计中心
印　　刷：北京亿浓世纪彩色印刷有限公司

成品尺寸：145mm × 210mm　1/32
印　　张：6　　**字数：**10 千字
版　　次：2019 年 9 月第一版　　**印次：**2019 年 9 月第一次印刷

书　　号：ISBN 978-7-5166-4768-4
定　　价：56.00 元

我们生来都没有神赐的阿拉丁神灯，

但是我们都可以努力成为自己的提灯女神，

为自己的内心点亮一盏不灭的明灯。

目录

第一章

一切自有安排

艰难的生活永无止境，
但因此，
生长也永无止境。

第一节　命运又曾眷顾谁

生活中最常听到的祝福语，就是“一帆风顺”，不过事实上，这四个字只是祝福而已，没有一帆风顺的人生，至少对我来说，生来就没有坦途。

前些日子有个朋友跟我聊天，叹息人生，说人生来是不平等的，有的人生来有父母恩泽，家境优厚；有的人生来天资聪颖、貌美如花；有的人生来就困顿不堪，不够聪慧……

是啊，十个指头伸出来还长短不齐，我们又如何能苛求老天爷对每个人都一样公平呢？只是，英雄不问出处，不管出身如何，只要努力，再窘迫的孩子，也能长成一棵大树。

别的树我没有资格去评论，不过可以先说说我这棵成长中的“树”。

先说说我的出生。听我妈说，我一出生，就是个有点“奇怪”的孩子，我妈用“奇怪”这个词，代替了类似“不顺”或者“倒霉”之类的词汇，不过我倒是认为，我是个幸运的孩子。

我妈的原话是这样的：“你出生不到十个月，就生了一场大病，高烧不退，浑身烧得像碳一样热。当时也有一个症状和你一模一样的孩子，就在医院里没了，她比你就晚到医院六分钟。”虽然后来，因为肤色偏黑，我被人叫作黑姑娘，但是幸运的是，我活了下来。

我认为，在这个世界上，永远有比我更幸运的人；当然，也永远有比我更不幸的人。所以比起来那些更不幸的人，我还算幸运吧。

我的幼年是幸福的，父亲当时是四邻八方都知晓的“地方人物”，他从小学习优秀，写得一手好字，心怀大志。我家是个大家庭，爷爷有三个儿子，两个女儿，父亲是爷爷最引以为豪的儿子。我的父亲和母亲是从小订的娃娃亲。

不过家家有本难念的经，据说当年，我父亲考上了大学，我的母亲因为自己大字不识，没上过学，就跟我的外公外婆讲，说自己配不上我的父亲。这话传到了父亲的耳朵里，父亲就找到了母亲，对她说：“识不识字不打紧，做人最要紧，我认定了你这个人，哪怕不去上学，也要和你过一辈子”。于是，为了母亲，父亲毅然把上大学的名额让给了村里的一位哥哥，自己退学，和母亲结婚，做起了生意。父亲和母亲的爱情，不仅在当时，就算放在现在，也算非常传奇了。

父亲的理想之一，就是周游世界，当然那个时候经济条件有限，周游世界也只能说说而已。不过，父亲和母亲结婚后，的确带着母亲走了很多地方。他带母亲去甘肃兰州、陕西西安、四川广元等地，也算是和母亲一起，去圆了自己人生的小梦想。

不过美好而幸福的生活，在我五岁那年，戛然而止。

在五岁的时候，我经历了一场火灾。这场大火不知从何而来，然而它不仅仅烧毁了房子，还带走了我的父亲。

至今我还记得那可怕的一幕。当时，我还在屋里玩耍，大火烧着了我的棉衣，父亲从屋外冲进来，抱起我拼命往外跑。灼热的火苗扑向我的父亲，烧伤了我的胳膊。

大火过后，一片狼藉。

然而谁也没有想到，祸不单行，就在大家为我红肿起泡的手臂紧张不安的时候，父亲的眼睛出现了明显的不适。不过好像谁也没有意识到问题的严重性，接下来，大家就开始为当晚住在哪儿而发愁，父亲也只是用红霉素眼膏涂抹了一下眼睛，并没有太在意。

两天后，房子尚未修复，父亲的眼睛就开始红肿，视力急剧下降，他就去了乡里的小医院，大夫也没有特别重视，只说急火攻心，给开了几味中药。

当时父亲开办了一家木材厂，每天忙于厂里的事务，也没有太多时间休养。我们都以为，父亲的眼睛并无大碍，吃些药也就好了。没想到，吃了半个来月的中药后，父亲的视力越来越差，最后，一只眼睛几乎完全失明了。

这下可急坏了母亲，她赶紧陪父亲坐汽车去了兰州市医院。后来我回想过往，觉得我的家庭里，最不幸的，还是父亲；最辛劳的，还是母亲。

那次，母亲陪父亲折腾了二十多个小时，倒了三次车，才去了兰州市医院。然而，诊断结果却让我们实在无法接受。原来，这几味中药里，有一味，不但不能救治父亲的眼睛，反而严重损伤了父亲的内脏。

随后的两个月里，母亲陪着父亲，在兰州市医院里，开始了漫长的治疗。

那一年，我六岁，弟弟五岁，在父母到兰州看病的两个多月里，我们都丝毫没有觉察到厄运将再度降临。

两个多月后，父亲的眼睛不仅没有起色，而且身体状况也越来越差，内脏器官陆续衰竭。

最后，医生无奈地对我的母亲说："你们回去吧。他也没多少时间了。"

就这样，母亲陪着父亲，又一次辗转回家，一路上二十多个小时，还没走到家，父亲就没了。

父亲的亡故，是我人生中遭遇的第一个重大灾难。

当时，六岁的我第一次真切地明白了"死亡"的含义。

就这样，我们的小家庭，乃至我们的大家庭，失去了顶梁柱。

我本以为，命运的打击仅此而已，没想到，这仅仅是开始而已。

在很多家庭里，失去了父亲的孩子，会倍受怜爱，然而在我们的大家庭里，情况却截然相反。父亲走后，大家庭不再温暖，分崩离析，大家变成了小家。从此，我和母亲、弟弟三个人相依为命。

之所以说大家庭不再温暖，大家变成了小家，皆源于奶奶的决断。当时，爷爷在乡供销社上班，父亲没了之后，奶奶觉得家里生活压力太大，就分了家。我的母亲和我，还有我的弟弟，只分得一间小房子，从此，我们娘仨相依为命。

父亲的亡故，对母亲的打击非常大，她当时特别难过，她坚持要守在父亲生活过的地方，不肯离开那间小房子。后来，母亲因为伤心，日渐消瘦，身体越来越差，我们娘仨的小家，没有了生活来源，我们只得在外公外婆的救济下，艰难度日。

就这样，我们娘仨在那间小房子里，磕磕绊绊生活了两年。至今我回想起那两年的生活，依旧觉得心寒，因为那两年间，爷爷奶奶对我们娘仨几乎不闻不问。爷爷奶奶将所有的爱，都倾注在了我的小叔身上。父亲没了，他们也就不再关注我们娘仨，而是将所有的希望都寄托在小叔身上。

现在想起来，我的人生从一开始，就劫难重重，不过年幼的时候是感觉不到苦和累的，那时候，唯一的可能，就是接受命运的安排。也许因为我当时还小，很少考虑将来会怎么样。再说了，要是成天想着今天，愁着明天，生活还有什么意思呢？就是事情糟到无可再糟的地步，我想总还是有路可走的。

两年后，我和我的弟弟陆续进入了学校，所有的压力就落在了母亲的肩膀上。当时母亲没有工作，没有什么经济来源，只靠干点农活来维持我们娘仨的生活。由于交不起仅仅几块钱的学费，于是我和弟弟就一起进入了小姨所工作的小学。

当时，奶奶已经把我们娘仨当成了外人，很少接济我们，连我们买一袋盐，需要五毛钱，都不得不伸手向外公外婆要。

要强的妈妈最终决定，要靠自己的双手，养大我和我的弟弟。于是，妈妈在山上开了一片荒地。当时我已经上学，每天带着弟弟一起上学，一起回家。放学后，我就背着水，和妈妈一起去山上挖荒地，然后背着从山上挖出来的树根和砍下来的树枝回家，用这些树根和树枝烧火做饭。

妈妈的决策，让我们终于渐渐地有了“余粮”，后来，爷爷奶奶家附近开了个新学校，弟弟去了那所学校，而我继续在外公外婆家附近上学，从那时候起，我就开始了在外公外婆家寄宿的生活。

在我童年的岁月里，从七岁到十岁，都是和外公外婆一起长大的。外公外婆非常善良，他们养大了很多孩子，其中包括我。我从小调皮，常常惹恼外公外婆。当时大家都不富裕，外公外婆家也不富裕，但是外婆每天都从小罐里挖出几勺大米，给我熬米粥，煮鸡蛋，我的两个舅舅在外打工，拿回来的钱，外公外婆也常常用来给我买吃的，买穿的。

童年岁月里，外公外婆给了我很多美好的回忆，这些回忆，像珍珠一般，在我的回忆里熠熠闪光，温暖着我的一生。

我跟外公外婆一起经历了很多事情。当时，外公外婆常常端着火枪，在屋子外驻守，防止有人来偷猪胆，偷杜仲树的皮。当时杜仲树的树皮五毛钱一斤，我常常和外公外婆一起，在屋子外守夜，以防有人来偷窃。

现在想起来，童年在外公外婆身边的生活，丰富而有趣，温暖而自在。

当时山上还有狼，大人们干农活都会带着孩子，以防豺狗和狼跑进屋子，吃掉孩子。有一次，外公外婆带着我去种土豆，当时母亲也来帮忙。调皮的我在山间跑着玩，被村里别人家养的山羊从悬崖上撞进了深深的山谷里。当时，外公外婆和母亲都以为我要被老天爷给招走了，我被人救上来之后，也只剩下半条命了。不过值得庆幸的是，我昏迷了一整天之后，还是醒了过来，而且除了额头磕破了，并无大碍。村子里从那个悬崖上掉下去的人，几乎没有活过来的。我是幸运的，不仅活了过来，而且也没摔断胳膊或者腿，不过我的额头上至今还有一道深陷的伤疤，就是当时磕的。

都说厄运过后必有好运，然而在我刚刚闯过鬼门关还在家里休养时，又一个巨大的灾难降临了。所以，我从不去想未来。因为它来得已经够快的了。

那一天，外公外婆去地里干活儿，我一个人在家，半晌的时候饿了，却找不到吃的，就跑出去找吃的，结果还弄丢了外婆给我的家门钥匙。于是额头上带着伤的我，一个人跑出去，饿极了，就什么都往嘴里塞。当时的我，明明知道黑豆似的马桑果有毒，却还是以为，只要只吃汁液，不吃种子，就不会中毒。然而最终，吃了一大堆马桑果之后，玩了两三个小时，回到家门口，我还是晕过去了。

外公外婆从地里回来的时候，见我晕倒在地，吓坏了，赶紧喊来了村里的赤脚医生。赤脚医生一见我乌青的嘴唇，就知道我吃了马桑果，当时也没有什么急救的药物，他无奈地对外公外婆摇摇头，说：这孩子没救了。

这一次，我整整昏迷了两天，姥姥姥爷都绝望了，我妈和爷爷奶奶都来了。我妈当时哭得上气不接下气，父亲去世后，她唯一的生活信念，就是我和我的弟弟，她见我已经没了气息，不再有生还的可能，就干脆自己洗了个澡，拿了一瓶敌敌畏就往自己嘴里灌，幸而被姑姑给拦住了。

最后，还是外婆发了话，“都这样了，干脆死马当活马医，都说中暑喝酸菜汤管用，燕儿既然都这样了，不如用酸菜试一试。”

“燕儿”是我的小名，是父亲给我起的，他希望我的未来，能像海燕一样在天空中翱翔。

于是外婆撬开我的牙关，一勺一勺将酸菜汤灌进我的肚子里。就这样，折腾来折腾去，我竟然又活了过来，有了气息。

这算是我人生的第二次重大灾难，不过我总算是大难不死。

年幼的时候，对于一切的灾难我既没有预想，也没有抱怨，无所谓应对，只有接受，然后度过。也无所谓苦，无所谓难，因为这就是你的生活，你必须走过去，连绕路而行的想法都无从而起。然而正因为这些遭遇，让我在成年后，对一切都无所畏惧，就算是他人眼里天大的事情，也压不垮我瘦弱的脊梁，因为命运未曾眷顾我，我从小，就无处可逃，只有勇往直前。

成年后，有几次和朋友聊天，提及童年的经历，听者大都唏嘘不已，啧啧哀叹，然而在我的内心，却从未有过什么情绪波澜，艰难的生活永无止境，但因此，生长也无止境。我从没觉得苦，也从没觉得难，因为它就是命运的安排，无所谓甜，也无所谓苦，只有迎头而上。前些日子，妈妈还打电话对我说，别太委屈自己，也许在妈妈看来，我的人生的确太委屈，可命运又曾眷顾谁？就算是含着金勺子出生，谁又能保他一生无风无浪、无忧无愁？就算是皇帝的女儿，也难保一生不掉一滴眼泪。

既然老天赐我生命，一次次让我大难不死，那么我就得好好活，我愿左手仗剑，右手执花，心中有光，向梦想的方向奔跑。

谁又不曾被命运绊倒？爬起来继续跑就好了，就像

《阿甘正传》里的阿甘一样，一直跑下去，就算前方没有锦绣花开，我也可以执一把缤纷的花种，让我的来路开满鲜花。

第二节　你若不恨，苍天有暖

仇恨，是种类似于某些中药材的东西，性寒、微苦，沉淀在人体中，散发着植物的清香。可天长日久，总能催生一场又一场巨大的爆炸。然而如果有人，四两拨千斤，在仇恨积累的日子里，轻抬手，慢拂去，将仇恨的灰尘从幼小的心中掸除，那么留在孩子心中的，就是一个温暖而晴朗的世界。

童年时代，给予我最多教诲的，是我的母亲，她虽然没有什么超凡的本领，也没有什么高深的学识，但是她始终用一颗平凡而坚韧的心，宽容地去面对这个世界，勇敢地带着我和我的弟弟，去迎接未知的岁月。

母亲说不出太多“鸡汤”式的名言，但是她用自己的行动告诉我们：美好的日子不会从天而降，我们应该自己走向它们，至于别人如何对待我们，都可以放下。

前文我提到过，父亲去世后，母亲带着我和弟弟艰难生活。当时，母亲依靠自己的双手辛苦劳作，维持着我们一家三口的生活，而我则转入了乡里的公立小学，每天早晨 6 点起床，走一个半小时的路去上学，每天放学后，再走一个半小时的路回家，到家后喂猪做饭，等着母亲从地里干活儿回来。

当时，奶奶对我们非常苛刻，以至于现在想起来，恐怕就是对待陌生人奶奶也未必会那么苛刻。当时我放学回来，常常饿得厉害，偶尔跑到奶奶那边去拿个馒头吃，她都会追着我骂，有时候甚至会骂上一两个小时，才肯罢休。

有一次，弟弟放学回家，我和母亲都没回去，他饿极了，就跑到奶奶那边，拿了两个生鸡蛋。当时两个生鸡蛋能在小卖部换一袋方便面，弟弟换了一袋方便面吃掉了。

结果，奶奶晚上就发现了，就追问弟弟，弟弟老实交待，结果被奶奶打了一顿，奶奶还冲过来骂了母亲。

年幼的我，曾经有过一个冲动的念头，那就是炸掉这个家。

在我的童年生活中，母亲从不抱怨，也从不和爷爷奶奶吵架，不管受了多少委屈，不管掉过多少眼泪，她都告诉我们，爷爷奶奶是长辈，一定要尊重，不管爷爷奶奶怎么做，都有他们的理由。

而我，却不是一个“规矩”的孩子，我的内心充满了对奶奶的愤怒和不满。

有一天，奶奶炫耀地对我们说，她有一柜子的鸡蛋，这些鸡蛋都留给我小叔的孩子吃。我当时听了，升起满腔的怒火和委屈，同样是奶奶的孙子孙女，待遇怎么这么不同呢？难道就因为我没了父亲？我越想越气，正巧当天舅舅打工回来，给了我 5 块钱的零花钱。当时的 5 块钱，可以买几十包方便面，算是一张不小的票子了，我把其中的 3 块钱给了母亲，1 块钱买了一袋盐拿回家，剩下的 1 块钱，我买了鞭炮。

那天，就在奶奶在院子里喂猪的时候，我悄悄地走进她的屋子，打开了奶奶那个装满鸡蛋的柜子。

那一年，我十岁；那一天，我把点燃的鞭炮扔进了奶奶那装满了鸡蛋的柜子！

那个场景我至今记得，鞭炮在柜子里发出噼噼啪啪的巨响，像地震一样，所有的鸡蛋一定都被鞭炮炸得稀烂。奶奶听见声响，以为真的地震了，慌忙从院子里跑回来，喊我们出门，然而我却一脸兴奋地跑到她面前，对她说："你去看看你的鸡蛋柜子吧！"

那一天，我逃到了外公外婆家，后来母亲也找了过来，要揍我。虽然那天所有人都责怪我做了错事，但我总算解了心头的那口恶气。

再后来，外公外婆亲自把我送回了家，外婆从自己家拿了二十个鸡蛋，要还给奶奶，然而倔强的我，却把这二十个鸡蛋也给砸碎了。

十岁那一年，发生了很多事。

那一年夏天，我们家乡下了大暴雨，山洪暴发，很多房屋被大水冲走，很多人在水灾中失踪。

那一天，大雨倾盆，我正在家里做饭，听见有人在外面高喊，"洪水来了，快跑啊！"于是我赶紧往外跑，可刚出大门，洪水就夹杂着石块扑面而来，将我卷了进去。转瞬，我就被洪水打翻，栽进了水里。紧接着，浑浊的河水涌进了我的嘴里，眼看我就要被洪水冲走。然而，就在我被洪水挟裹着漂了大约一百米的时候，我突然感觉脚下踩到了什么东西，于是我竟然在水的中央站了起来。

当时我早已被眼前的一幕吓呆，不敢动，不敢喊，只有哭。然而不知为什么，齐胸的洪水却没有再将我冲倒，身处激流之中，四周是汹涌的洪水，我能够感觉到双腿被洪水中的石块刮得生痛……

当时母亲去山上种地，还没赶回来，弟弟也不在家，两岸的邻里看见我一个人站在洪水的中央，想方设法来救我，他们手拉手往水里走，想走到我的身边，却一次次被洪水冲散。

就这样，我在洪水里站了足足有四十分钟，直到洪水一点点回落，从我的胸口落到了我的肚脐。直到此时，乡亲们才终于递过来粗大的竹竿，扔过来绳子，我才扶着竹竿，拉着绳子上了岸。

等母亲闻讯从山上赶回来，看到我满腿的鲜血，忍不住抱着我呜呜地哭了起来，真是不幸中的万幸，我虽然遭此一劫，却还是逃过了这场水灾，虽然深陷洪水，却没有被洪水冲走。

更有意思的是，当时，在我一步步扶着乡亲们递过来的竹竿，拉着绳子走到岸边的时候，有一条绿色的小水蛇，也从水里窜了出来，于是乡亲们就以讹传讹，说当时我站在洪水中央时，他们看到了一条龙腾空而起，而我就站在龙头之上。当然，这些都是戏言，不过对于我来说，这些跟我有关的“传说”，倒是让奶奶对我们娘仨的态度，自此略微温和了一些。

人生没有什么顺风顺水，至少我的人生没有，不过就算是灾祸连连，也还要一天一天向前奔，奔向不可知的未来。而且既然这么多的灾祸都经历过，我还怕什么未来？父亲给我起的小名是燕儿，那么大风大浪我都经过了，我必定可以在风浪中展翅翱翔。

水灾之后，母亲决定带我和弟弟换个环境，去寻找新的生活，她向外公外婆借了 150 块钱，带我和弟弟到镇上去求生。于是，我们娘仨就在镇上租了一间 14

平米的小房子。

我至今还记得，当时一个月的房租是十几块钱，第一个月的房租交完后，母亲就用剩下的钱，买了一些小杂货，每天早晨，她还用小煤炉蒸一些包子，然后带着小杂货，端着包子，到学校门口去摆摊售卖。我们一家三口的新生活，从此开始。

一天，两天；一个星期，两个星期；一个月，两个月……母亲的小杂货和两毛钱一个的包子，成了我们的生活来源，也正是依靠这些，母亲养活了我和我的弟弟，支付了我和弟弟的学费。

原本以为，我们一家三口的日子，会永远这样平静地继续下去，虽然辛苦，虽然贫困，但终于摆脱了旧日的阴影，没有了不满和怨恨，没有了唠叨和吵闹。看着母亲在日复一日的劳作中渐渐从失去父亲的悲怆中走出来，感受着我和弟弟在母亲的呵护下，平静成长的温馨和宁静，我觉得很幸福。

然而，这样平静的日子过了不到两年，一个来自爷爷奶奶家的口信，打破了我们刚刚平稳的生活。

原来，奶奶生病了，病得很重，而且得不到照顾。

人生有时候真的是叵测难料，爷爷奶奶一直和叔叔以及小婶住在一起，原本我们都以为，跟随母亲来到镇上后，我们一家三口，和爷爷奶奶之间就没有太多瓜葛了。然而，谁也没想到，奶奶的一个口信，让母亲再次回到了那个阔别了近两年的家中。

事实上，当得知奶奶生病的消息时，我并没有感到太难过，相反，听母亲说，小叔和小婶照顾不了奶奶，我心里有种说不出的感觉，让我忍不住咬紧了下唇。

母亲接到奶奶的口信后，就抛下我和弟弟，一个人回了乡下爷爷奶奶家，她每天都在乡下照顾奶奶，每隔两周，才回到镇上看我和弟弟一趟，给我和弟弟送来一些吃的和用的。当时我怎么也想不明白，母亲为什么会将上小学的我和弟弟留在镇上，自己回爷爷奶奶家照顾奶奶。

那一年，我上小学五年级，11 岁。

也就是从那个时候起，我开始成为自己和弟弟的“家长”，每天给自己和弟弟做一日三餐，每天为自己和弟弟料理家务。

母亲照顾了奶奶一年多，她做小生意赚的一点儿钱，都给奶奶看病用了，就连当时学校发给我的每学期46元的助学金，也被她拿去给奶奶看病了。

当时我问母亲：“你不恨奶奶吗？”

母亲苦笑着摇摇头，只说了一句话：“她是你奶奶。”

再后来，母亲带奶奶去了兰州市医院，奶奶一辈子去过的最远的地方，就是兰州。可惜兰州市医院的大夫说，来得太晚了，奶奶已经无药可治了。

从兰州回来之后，母亲精心照顾了奶奶三个月，三个月后，奶奶留下一句话，撒手人寰。那句话我始终记得，她对母亲说：“我对不起你们娘仨。”当时，我就站在奶奶床前，看到她瘦成一把干柴，我心里突然觉得，不再那么恨她了。

走过了人生的几十个春秋，时至今日，一切早已释然，回首往事，念及曾经的仇恨，我终于意识到，亲情是一杯凉水，浇灭了心头的怒火，只要坦然面对，终究能够达观地看待这一切。仇恨永远不能化解仇恨，只有慈悲才能化解仇恨，这是永恒的至理。

在后来的许多岁月里，我依旧遇到了一些和当年的奶奶一样不曾善待我的人，然而我却再也没有了仇恨。每个人都有他的理由，每个人都有他的准则，不必为别人的过错为难自己的内心。心存美好，则无可恼之事；心存善良，则无可恨之人。如果说宿命自有安排，那么所有的亏欠，终有报应。

正所谓：你若不恨，苍天有暖；你若不语，四海升平。

第三节　世间没有笔直的道路

成年后，有人问过我：你家里那么穷，怎么学得起音乐？

面对这个问题，我总是以笑作答。

一切美好的事物都是曲折地接近自己的目标，一切笔直都是骗人的，所有道路都是弯曲的，时间本身就是一个圆圈，这与穷富无关。

在我小的时候，也算经历了很多事情，奶奶去世后，母亲回到镇上，为了应付我们一家三口的生活开支，她开了个小餐馆，卖面皮、卖米皮。这个小餐馆就是我们一家三口全部的生活来源，而我，也就开心地成了小餐馆的副厨，平时母亲主厨，她忙不过来，或者有事外出的时候，我就当家做主人。那个时候我学会了做面皮、做米皮，至今我还保留着这门“手艺”，这门现在令很多人大跌眼镜的“厉害手艺”，都得益于我少年时代的经历。

小学毕业后，我顺利地进入了镇上的中学，误打误撞当了班长，不过，我是个太淘气的班长。当时，依赖着小餐馆，我们娘仨的生活已经有了起色，不那么艰苦了。

那个时候我还没有想过自己的未来，也没想过要去学习音乐。当时的我，还只是一个调皮的孩子。在说音乐这件事之前，先来段插曲。

刚上初一的时候，我这个班长带着同学们干了一件“惊天动地”的大事。

这件事，还要从一只皮球说起。

当时，学校后面有一个苹果园，班里的一位同学不小心将一只皮球扔进了苹果园里，至于那只皮球到底有没有打落苹果，我们谁也不知道，但是苹果园的园主却拿着皮球，找到了校长。

校长没有袒护我们，二话不说，给了我们严厉的处罚，不仅让我们打扫全校的卫生整整一个月，还让我们罚站。这还不算，一个月过后，校长又让我们继续打扫卫生一个星期。更可气的是，这位苹果园的园主从那以后，一见到我们就骂，说我们这群学生没素质，没教养……

终于，我这个做班长的，忍无可忍了。

那一天，我把班里四十多个同学召集起来，给大家布置了一个任务，那就是：每个人把自己的早餐钱捐出来，大家凑钱，“买”下苹果园所有的苹果。不过这个“买”，却是另外一种方式的“买”。

在一个“夜黑风高”的夜晚，我对母亲说，班里有几个同学，家里特别困难，没钱吃早点，能不能给我十几个肉包子，我带给他们。于是，母亲把小餐馆卖的肉包子拿给了我一些，当晚，我带着这些包子，悄悄溜出家门，和同学们聚合。我们不是要吃包子，我们在肉包子里撒上辣椒面儿，然后带着我们“加工好”的包子，一起来到苹果园外。

然后，十七名女同学负责放哨，剩余的二十几名男同学跟着我去“买”苹果。

我们先将十几个包子扔给了看苹果园的大狗，大狗贪婪地吃掉了包子，吃完之后就疯了一样跑出苹果园，找水喝去了。

于是男生们一个个溜进苹果园，拿着竹竿和棍子，开始打苹果。大家按照我的安排，打掉了苹果园里所有的苹果，然后我们把大家凑的两百多块钱放在了塑料袋里，捆在一棵苹果树的树枝上，还留了一张纸条，上面写着“再骂我们，连根拔起”！

第二天，苹果园的园主带着那张纸条，找到了校长，可是他没有带着钱去。

这一次，校长勃然大怒，罚我们全班同学在全校大会上下跪，而且跪在荨麻草上。

唉，我这个班长，害得班里所有的同学，跟我一起在操场上跪了两个小时的荨麻草，结果大家站起来的时候，膝盖上都起了大大的血泡。

再后来，校长知道苹果园的园主收了我们的钱，也就没有过多地惩罚我们，这件事也就渐渐被大家淡忘了。

不过校长却从此记住了我的名字，作为政治老师的他，只要一上政治课，必然会把我揪起来回答问题，或者没事找事地训斥我几句。

我不服气，琢磨着，校长的名字里有两个字，和“果冻”的发音近似，于是，我买了小小的果冻，一到政治课就放在讲桌上，对抗动不动就提点我的校长。

不过我们一家三口的好日子，也没过多久，初二之后，母亲开始为我以后的学费发愁，毕竟母亲开的是个很小的小饭馆，难以维持我上高中乃至上大学的开销。于是初二那年，母亲就和舅舅一起外出打工了。而我则开始了学校——家——田间“三点一线”的生活。

当时，虽然母亲带我和弟弟在镇上生活，但是为了能够储备一些粮食，外公外婆还是帮我们打理着之前我和母亲一起开荒种植的那块田地，而母亲一有空，也带我一起回去种地。

母亲外出打工之后，这块地就成了我的活儿。

于是，除了每天照顾弟弟，给自己和弟弟做一日三餐，料理家务，上学放学，一到周六周日，我还得回家种地。赶上农忙的时候，外公外婆和我都忙不过来，我就请邻里帮忙照料那块地。

这样忙碌的生活一直持续到初三，因为我要中考，母亲为了让我安心，回到镇上，不再外出打工。

然而此时，我们波澜不兴的生活里，却出现了一个别样的身影，那就是我的一位叔叔。这里要特别提一下这位叔叔，因为如果没有这位叔叔，可能我的人生就和音乐失之交臂了。

最初，是舅舅对我和我的弟弟说，有一个叔叔，喜欢我的母亲。

再后来，那位叔叔就常常到我家来看望我们，帮忙照料家务，干些农活。

当时，母亲担心我和弟弟受委屈，并没有打算再婚，再说那么艰苦的日子，母亲都一个人带着我和弟弟扛了过来，所以她也真心没想再去依靠谁。

然而那位叔叔却一直默默地照顾着我们娘仨。

初三的时候，学校里有一位音乐老师，那位音乐老师特别有耐心，他是我的音乐启蒙老师，教我唱歌，教我乐理。也就是在这位老师的引导下，中学毕业时，我报考了音乐学院，并且顺利地收到了入学通知。

可刚跟音乐结缘，我就被泼了一头冷水，因为考上音乐学院对我来说是好事，可对于我的家庭来说，却喜忧参半。那一年，音乐学院的学费是八千多块钱，加上生活费，家里至少要为我准备一万块钱，才能确保我顺利地进入学校。然而，对于我们娘仨来说，一万块钱简直就是天文数字。

当时奶奶已经去世，我和弟弟也已经长大，历经岁月变迁之后，爷爷不愿母亲再改嫁，不愿自己的孙女孙子，成为别人家的孩子。于是，母亲也没有接受那位叔叔的追求。

但是面对高达一万块钱的学费和生活费，母亲实在是左右为难，不过她下了狠心，对我说，只要我想去上，哪怕砸锅卖铁，也要让我如愿。

没想到，爷爷却将我关在了家里，坚决反对我去音乐学院上学。

我当时是从家里逃出来的，我翻墙逃了出来，跑到外公外婆家，找到了舅舅。

后来，那位叔叔知道了这件事，就对舅舅说，他知道音乐学院怎么走，于是大家凑了一万块钱，由那位叔叔送我去了音乐学院。

直到今天，我还是非常感谢我的母亲，我的外公外婆，我的舅舅，和后来成为我的继父的那位叔叔，如果不是他们的支持和帮助，就没有我今天的快意人生。

从我家到音乐学院，要先坐短途大巴，再坐长途大巴，然后再转火车，下了火车再坐大巴车，这一路上，要折腾三十多个小时。

叔叔带着我，辗转了三十多个小时，来到音乐学院所在的城市，然而就在我和叔叔下火车的时候，却遇到了意外。

叔叔将家里凑的一万块钱，存在了农村信用社的折子上，然后随身带了几百块钱，以便我们沿途的开销。

然而一下火车，我们就遭遇了扒手，那被叔叔藏在书包底部的折子还在，然而随身携带的几百块钱却不翼而飞。

这一遭遇让我们非常沮丧，叔叔带着我在火车站附近找了好久，也没找到农村信用社，没办法取出折子里的钱。

最后，叔叔只得打电话给学校的招生老师，说明情况，请她帮忙。要不是招生老师答应我们，先坐大巴到学校的招生点，然后由招生老师带我们去取钱，再给大巴司机车费，我们恐怕就要被困在异乡的火车站了。

就这样，我们辗转来到学校，然后取了钱，支付了车费。

可没想到，好事多磨，我以为总算来到了学校，可以开始我梦想的新生活了，然而入学考试却将我打入了人生的谷底。

当时，所有的学生都要参加入学考试。入学考试不算难，但是对于未曾接受过专业音乐培训的我来说，却并不是一场容易的考试。

结果，我因为节奏感差，乐理知识不过关，没能通过入学考试。

我的人生，就在 16 岁那年，在音乐学院的大门口，失去了方向。

叔叔和我，茫然无助。

那一天，我蹲在音乐学院的大门口，忍不住哭了起来。

就在我一无所措地哭泣时，一双穿着简朴黑布鞋的小脚，停在了我的身旁。

一位中等身材、微胖、衣着简朴的老太太，站在了我的面前，她俯身问我：“小姑娘，你怎么不进学校呢？为什么蹲在这儿哭啊？”

当时，我不知道面前的人是谁，也不知道谁能帮我，我只觉得委屈，自己满怀希望，满怀憧憬，和叔叔奔波了三十多个小时，竟然被学校拒之门外。

于是我把满腔的委屈，倾倒给了眼前的这位老太太，我将对学校的憧憬，对学习的渴望，以及路上的意外，筹集学费的艰难，统统倾诉给了这位老太太。

真的是山重水复疑无路，柳暗花明又一村。

就在我以为我的求学生涯尚未开始就要夭折之际，这位老太太，为我点亮了前进的明灯。

老太太对我说，“小姑娘，你先别着急回家，我帮你想想办法，也许你可以再考一次。”

就这样，老太太带我走进了校园，带着我找到了一位老师，她对我说：“小姑娘，我给你介绍一位老师，她可以教你一个星期，这一个星期，你好好学，一个星期后，你再考一次，能不能考上，就要看你的本事了！”

我当时目瞪口呆，由衷地感叹自己遇到了贵人，能够有机会再考一次。

也许我没有什么天赋，唯有斗志，我绝不会输给任何人。

就这样，我和叔叔住进了学校门口的招待所，一个人一间，一间一天 80 块钱，整整住了一个星期。这一个星期里，我拼命地学习，学习那些晦涩的乐理知识，学习节奏、音高……

一个星期后，我又一次走进了考场，这一次，我终于如愿以偿，通过了入学考试，成为音乐学院一年级的新生。

如今想起这段经历，我都忍不住嘴角上扬，内心愉悦而满足，因为那是我人生最重大的转折，我就此走出了那个小山村，远离了面朝黄土背朝天的生活，走向了广阔的世界。

那么回到开始的那个问题：你家里那么穷，怎么学得起音乐?

我只想说，一切美好的事物都是曲折地接近自己的目标，世间没有笔直的路，一切笔直都是骗人的，时间本身就是一个圆圈，这与贫富无关。

我是一个跌跌撞撞长大的莽撞姑娘，我是一个没有伞的孩子，只有努力奔跑。苦难的经历使我的内心强大，也让我学会了自信，接受上帝的任何馈赠，我相信生活的美好。

正因为走过谷底，所以我不怕任何人生。

正因为历经风雨，所以我相信雨后彩虹。

人生有无限可能，英雄不问出处，人生的路是自己选择的，只要你想，你就能学；只要你去做，你就能成功。

第四节　你不是运气最坏的那一个

一路上，遇到过很多人，他们总是抱怨自己的运气不好，总是抱怨自己生不逢时，总是抱怨天不遂人愿，然而，我却从不抱怨，我总说自己的运气很好，总说有贵人相助。于是就有朋友说，你从小就运气好，遇见过火灾、水灾，还有坠崖和中毒，依然活蹦乱跳的，连上学都有贵人相助，怎么能和你比？

事实上，谁又是运气最好的那一个？

谁，又是运气最差的那一个呢？

人生的难题，总是一个接着一个，也正因为这些难题，让我感受到生活的艰辛，努力的必要和收获的幸福。

如果你真的是运气最好的那一个，那么我恭喜你，因为我不是运气最好的那一个，一路走来，我遭遇了太多难题，一次次被绊倒，然后再一次次努力地爬起来。

如果你真的觉得自己的运气太差，好吧，想想我的人生，你是否比我的生活更波折？你是否如我一样，从小就遇见火灾、水灾、坠崖和中毒？你是否比我的生活更加辛苦，要撑起自己，甚至撑起家庭的一角，从童年时代就开始独自照顾自己和弟弟的生活起居？

好吧，亲爱的朋友，请相信，我们都不是运气最差的那一个。

还是说回我自己。在我进入音乐学院后，又遇到了一个大难题，那就是交完学费之后，我手上剩下的钱，不够交一年的住宿费。当时一个月的住宿费是几百，我和叔叔在学校门口的招待所住了整整一周，又交了八千多的学费，所剩无几。

那么，接下来，我该怎么办？

对于 16 岁的我来说，那一年的生活，真的是一步一个坎。

无路可走时，我又想起了那位老太太，当时的我，并不知道那位老太太到底是谁，但是我知道，老太太心眼好，愿意帮我。

于是我就又一次站在老太太面前，然而，16 岁的我羞于开口。

老太太看出了端倪，就问我："小姑娘，你又遇到什么难题了？"

她的话，像一汪清泉，浇灌着我焦灼的心灵。我对她说，"我交不起住宿费。"

当时，老太太一个人住在学校后面的一间小屋里，她听了我的诉说，告诉我，别发愁，总会有办法的。后来，老太太不知从哪儿找来一张单人床，摆在了那间小屋里。

接着，老太太找到我，她对我说："丫头，你要是不嫌苦，就住在这儿吧，不用交住宿费。"

看着那张小床，我欣喜不已，好想扑上去，抱一抱这位老太太，却还是羞于表达。

从此，我就成了老太太的"房客"。说是"房客"，可老太太待我却更像亲人。老太太知道我没钱吃饭，就常常带些吃的给我。老太太忙，平时常常不在，我就自己做饭。没钱买菜，我就去挖野菜。

当时学校附近有一块坟地，坟地里长满了野菜，我挖来野菜，用小煤炉烧了热水，用热水焯了，撒把盐拌了，就着从食堂里买回来的馒头吃。

有一次，老太太看见我吃野菜，颇感有趣，就说：“给我也尝尝呀”。我不好意思地将自己的饭缸端给了她。没想到，老太太吃得还挺开心，并且提出，以后跟我一起，天天吃野菜。

就这样，我在老太太的屋子里住了整整一个学期，而这一个学期里，老太太只要回“家”吃饭，就和我一起吃野菜。

更有趣的是，老太太有肺病，虽然不是非常严重，却常常心慌气短，上气不接下气，可谁也没想到，和我一起吃了一个学期的野菜，老太太竟然不喘了，肺病有了明显的好转。

这真的是老天的安排吧，让我有机会，通过这样的方式，去报答老太太的恩惠。

很多年之后，有一次，遇到一位新朋友，她从小哮喘，一直治不好，我突然想起老太太当年的情形，便四处寻找那种当年老太太和我一起吃过的野菜，后来找到了一些，就送给了这位朋友。没想到，那位朋友竟然仔细研究了一番，最后有医生告诉她，这种野菜具有化痰平喘的良好效果，是治疗呼吸系统疾病的一味良药。我听说后，忍俊不禁，人生会有这样那样的磕磕绊绊，可人生也总会有这样那样的小惊喜，不是说人生总有出路吗？只要你相信，就能找到出路。

在第一个学期即将结束的时候，我终于知道，原来，老太太并不是学校里一位退休的老教师，或者一位返聘的管理人员，而是音乐学院的校长！

也正是因为她的帮助，我才能够走进音乐学院，并且能够在手上剩下只有不足一千块钱的情况下，安心读书，在音乐学院里度过一天又一天开心快乐的日子。

知道老太太身份的那一天，我由衷地感谢老天！

老天眷顾我，让我在一次次的灾难中成长起来；老天恩赐我，让我遇到了校长，让我能够如愿以偿走进音乐学院，去追逐自己的梦想。

最初考上音乐学院的时候，我选择的考试科目是声乐，我本来是打算学唱歌的，可进入音乐学院学习了一两个月之后，老师建议我改学乐器。老师的建议非常实际，他认为，声乐学习非常漫长，而且未来的就业局势也不明朗，如果有较好的家庭条件，选择声乐也是不错的，但是对于我来说，最好能够学习一门相对比较实用的专业，以便在毕业后能够尽快进入社会，养活自己。

那么，究竟什么是实用的专业，老师并没有特别明确地告诉我，这对我来说倒是好事，也算是给了我很大的选择的空间。于是，我想起来小时候在家里的黑白电视里看到的《还珠格格》，电视剧里紫薇弹奏的古筝曲《山水迢迢》，给了我极大的震撼，让我至今记忆犹新。于是，我自主选择了古筝专业，希望自己的梦想和自己的人生，能够随着琴弦的震动，一步步走向未来，走向光明，走向灿烂。

不过我的人生，总还是一步一个坎，刚刚选择了“实用”的专业，就又遇到了一个问题，那就是没钱买琴。对于当时的我来说，面对动辄成百上千元的古筝，只能望洋兴叹。没办法，我就在学校里租琴用，当时学校里的琴对外出租，一天三十块钱，对我来说也是一笔不菲的开支。幸而老太太，也就是校长又一次对我破了例，一天只收我十块到十五块钱的租金。虽然学校的琴又老又旧，常常跑音，但我总算是有了“武器”，可以安心学琴了。

到了第二个学期，家里又凑了一些钱，寄给了我。我当时特别好奇，母亲从哪儿凑的这些钱呢？仔细一问，才终于明白，原来，我最初来上学的时候，叔叔拿的那张折子，是他自己的折子，里面的一万多块钱，是他多年来的所有积蓄，也就是说，为了让我上学，他把自己多年的积蓄拿了出来。

那一刻，我是那样地感动，感谢我身边所有的人，你们是那样地爱我，那样地帮助我，如果没有你们，我又如何能够走过人生的沟沟坎坎。

后来，我就用母亲寄来的钱，买了一架古筝，我的钱少，只能买最便宜的古筝。老师就带着我，到校外买了一架古筝，当我拿到属于自己的第一架古筝的时候，内心激动不已，虽然只是一架六百多元的低端古筝，但是对于当时的我来说，已经是最好的也是最贵的“家当”了。

于是，我也总算可以从母亲寄来的钱里，拿出一些来，交学校的住宿费了。我搬出了老太太的屋子，住进了学生宿舍。

第二个学期结束的时候，我们班有个同学退学，这位同学住我上铺，和我关系特别好，她家里的条件好一些，便花两千多元买了一架古筝，可因为家乡较为遥远，很难带走。于是，她将古筝留给了我，鼓励我好好学习，我和她约定，等我学成之后，有了收入，一定将她买这架古筝的钱还给她。

就这样，从住宿到选择专业，从租琴到买琴，我的人生就这样一步步，蹚着难题走了过来，我是幸运的，遇到这么多关心我，帮助我的人，我的内心充满了勇往直前的力量，充满了奔向未来的向往。

看到这里，亲爱的读者，您觉得我是幸运还是不幸运呢？

还是那句话，其实我们大多数人，都不是最幸运的那一个，也不是最不幸的那一个，没有一帆风顺的人生，就算是含玉出生的贾宝玉，他的人生也不总是锦衣玉食、顺风顺水，何况我出身贫寒的家庭。所以，我的贵人，是我寻找一切机会，努力争取到的；我的幸运，是在不幸中挖掘出来的。

其实一路走来，我觉得人生最有趣的事情，就是挖掘不幸中的幸运，因为身处低谷，所以每一份照进谷底的光芒，都是那么灿烂，那么动人，那么让人热血沸腾，激动不已。

所以，重要的，不是我们是否幸运，而是当那点滴的运气来临的时候，我们是否抓住了它。

亲爱的朋友，如果你觉得自己的生活不如意，那么，就请你从现在开始做好准备，始终保持向上的、努力的姿态，而不是抱怨和低头、徘徊和无奈，只有这样，在那稍纵即逝的运气来临的时候，你才能疾速起跳，很好地抓住它。

第二章

谁不是一边流泪 一边奔跑

如果梦想真的那么容易实现，
那它还值得我 们去孜孜不倦地追求吗？
那它还称得上美妙和奇幻吗？

第一节　有梦想的人是值得尊重的

每个人的青春都不一样，有的简单，有的繁复，有的疯狂，有的纯粹，有的贫寒，有的富有。但每个人的青春又都是一样的，都有梦想，都想投入地去拼，投入地去证明自己。

那么，梦想究竟在哪里？

有些人在做出了一些努力之后，觉得梦想依旧高挂天空，便感到失望，于是垂头丧气，于是丢盔卸甲，于是放弃了梦想。

然而，如果梦想真的那么容易实现，那它还值得我们去孜孜不倦地追求吗？那它还称得上美妙和奇幻吗？

所以，不管遇到什么困难，不管遇到什么阻碍，我们都应该始终葆有自己的梦想，正所谓“不忘初心，方得始终”。

而最终，你会发现，有梦想的人，是值得尊重的。

我在音乐学院读书的时候，校园里的生活相对安稳，我除了学习，还是学习，在每日的日出和日落之间，我看着自己渐渐向梦想靠近，内心充满了坚定的力量。

而我的母亲，则为了供我上学，又开始了打工生涯，她把弟弟放在外公外婆家，和舅舅一起到外地去打工了。

从小经历了那么多，能够安心读书，就是我最大的幸福，所以我拼命努力，想要成为最好的学生，不过很遗憾，由于基础较差，我的成绩虽然一直在前三名，但始终不是最好的那一个。然而，第四个学期还没开始，我就凭借自己的勇气和努力，将人生的足迹，踏向了祖国的首都——北京。

那是暑假，我去看望校长，感恩于校长的帮助，我常常去她家——也就是我曾经住过的那间房子——看她。那一天，我刚到她家，就看到桌子上放着一张通知书，通知书上写明，北京的音乐学院给予我校三个入学名额，请我校安排学生前去参加入学考试。

看见那张通知书，我的眼睛就挪不开了，校长见我看得入神，就问我："你想试试？"我点头。

校长皱着眉头看着我，片刻之后，却摇了摇头，说："你能考上吗？只有最优秀的学生，才有可能考上啊！"然而校长这句话，却让我的内心更加坚定，越是困难，我越想挑战。

于是接下来的日子，我开始拼命地恶补，开始上小课。尽管当时的小课一节就要八十块钱，但是为了能够考上梦想的学府，我还是狠了狠心，张口向家里要钱，向同学借钱，铆足劲儿冲刺。

当学校的大巴将我们一行二十六名考生，一起拉到北京的考场时，我就想，不管考上考不上，我能来北京一趟，就是收获。在爷爷和外公嘴里，北京是个神圣的地方，是皇城。因此，对于此次考试，我是勇敢而无畏的，无论结果如何，对我来说都是收获。然而谁也没有想到，那次考上的三名学生中，就有我这个并非最优秀的学生。

考试成绩公布的时候，不仅校长非常意外，连我都感到吃惊。我没想到自己能够考上，更没想过考上后，如何应付一年一万七八千元的学费，以及上学之后的生活费。

于是，欣喜之后，无奈和苦闷席卷了我，我想到了放弃，我不想再给母亲增加压力，我不希望她再为我操劳和忙碌。

当时，我们还没有离开北京，我就给校长打电话，说我考上了，但是掏不起学费。校长在电话里鼓励了我，安慰了我，我至今记得，当时，她对我说："别急，丫头，我给你想想办法。"

我至今感谢校长，是她，在我人生的一个又一个关口，向我无偿地伸出援助之手。

校长为我申请了一笔助学金，这笔助学金让我终于敢打电话向母亲报喜了，因为有了助学金，剩余的学费，对我的家庭来说，就不算天文数字了。

后来，母亲在老家做了一笔农村小额贷款，帮我凑足了学费。

于是，在校长的帮助下，在母亲的资助下，我终于凑齐了学费，走进了北京的音乐学院。

回想当年的情形，我之所以能够成功考取北京的音乐学院，就是因为我的梦想一直都在；而校长之所以愿意帮助我，就是希望能够帮助我实现梦想。前段时间偶然看了电影《西红柿首富》，虽然搞笑，却让我生出了另外的遐想，我不是有钱人，但我始终是有梦想的人，而且我为了梦想而努力奋斗。所以，不要说梦想高挂，很难实现，也不要说梦想虚无，白日空想，只要你有梦想，终会有人看见；只要你不懈地努力，总会被人尊重。

有梦想的人，是值得尊重的，正因为这些“值得”，你才可能获得他人的帮助，你才可能赢得他人的喝彩，在这些帮助和喝彩声中，只要你继续努力，永不停息，你就会越走越远，直到有一天，全世界为你喝彩！

记住，不忘初心，方得始终，永远不要放弃你的梦想，永远，向前努力！

第二节 办法总比问题多

现在，遇到正在读书的年轻人，我常常劝他们努力学习，不要把大好时光耗在手机和平板电脑上，除非你用这些工具学习，用这些工具赚钱，然而我发现，很多学生在学习面前，常常有畏难情绪，也总会有这样那样的借口，于是他们就让困难那么直直地站在自己面前，不去理睬，而把时间都花费在刷朋友圈或者玩平板游戏上。每每看到这些，我都忍不住叹息，人生怎么可能没有困难呢？遇到问题，既不能置之不理，也不能绕道而行，办法总比问题多，多想想办法，多做些努力，总会有所收获的。

就拿我在北京的音乐学院读书时的经历来说吧，什么时候轻松过？什么时候一帆风顺过？

北京的音乐学院，一个听起来很美的地方，不过走进去，这日子过起来，还真不算轻松。

在北京的音乐学院，我依旧不是最出色的学生，我是我们宿舍的宿舍长，不过我这个宿舍长，没有时间和金钱，也很少和同宿舍的同学们一起出去玩。作为宿舍长，我的责任就是每天晚上，她们爬墙出去玩，回来的时候，由我在校内接应她们，以免她们被宿舍管理员发现。

那时，我最好的伙伴就是古筝，我每晚和古筝相伴，一起入睡。每晚，我躺在宿舍的高低床上，手指抚着琴弦，呼吸着北京的空气，慢慢入睡。我想，不管怎么样，我都会在这里，扎下根来，成长起来。

那时候，我们学校的墙外有一条河，我常常一个人背着古筝，到河边去弹琴。有时候，我会遇到这样或者那样的路人，有的人会站在一旁，静静地听我弹琴；有的人会停下来，以我为背景，拍上一两张照片。

日子就这样波澜不兴地从指间流过，一年飞逝而过，我不知道自己学会了多少，我只知道，自己还有很多东西需要学习。

第二年，老师允许我们外出实习。当时考虑到学费的压力和生活的压力，我选择了外出实习，然而，实习的小剧团不仅待遇很差，而且要到全国各地去演出，我工作了大约半个月，就回到了学校。然而半个月的剧团生活，却让我感受到，对于此刻的我来说，还不是“海绵挤水”的时候，我深深感觉，我这块“海绵”还没有吸足水，还有很多很多的东西需要学习。

到了第四个学期，老师对我们说，如果我们的成绩足够好，就可以分配到较好的单位，比如北京的各个剧院。为了获得较好的工作，我又一次开始上小课，那个时候，小课的价格已经上涨到一节课 150 元。为了能够有足够的钱去应付生活，去上小课，我就在一位老师的介绍下，开始“跑茶楼”。

所谓“跑茶楼”，其实就是在茶楼里弹琴，当时一位老师对我说，如果想赚到钱，可以到茶楼里去弹琴。于是那一学期，我小小的笔记本上密密麻麻地记录了北京市各个茶楼的地址和联系电话。

我没有资本，只有一双手，一架古筝。

于是，每个周六周日，我都背着我的古筝，到茶楼里去弹琴。

最初，茶楼的老板一小时给我 50 块钱，而我总是弹上一个半小时，甚至两个小时，就为能够给老板一个好印象，以后多给我一些机会。

后来，茶楼的老板们逐渐认可了我，于是每个周末，我差不多都能跑上三四家茶楼，赚到一百五到两百块钱。

于是，我手上就渐渐有了一些钱，不仅可以用来上小课，也可以应付自己每个月的生活费了。

那时候，我就打电话给母亲，对她说："妈，我能赚到一些钱了，你不用每个月给我寄生活费了。"当时，我以为母亲会因此感到轻松和欣慰，可没想到，母亲却因此担心不已。

在我上音乐学校期间，母亲从未到学校看过我，家里经济紧张，她总觉得，与其到学校来看我，不如把路费寄给我，让我多买点吃的。可这一次，母亲却在叔叔的陪同下，跑到学校来看我了。母亲怕，她怕我走歪了人生的路。

然而，当母亲来到学校，看到我被古筝磨出了茧子的手指，看到我周末一刻不停地在北京的马路上奔波，在一家又一家茶楼之间跑路，她终于放了心，然而，她却因此更加心疼我，觉得自己没能给我更好的条件，让我如此委屈，如此奔波。

后来，母亲依旧给我邮寄生活费，而我也依旧奔波在不同的茶楼之间，直到毕业分配的那一天。

现在想想，那段日子虽然辛苦，却很充实，我学到了很多东西，这些东西在学校里是学不到的，我从莽撞的少年，在社会的历练中，逐渐成长为成熟的青年，逐渐学会待人接物，逐渐学会与人交往，逐渐学会辨识人世间的真善美和假恶丑。

现在的学生们，很多家庭条件已经很好了，不用到处跑着做兼职，不用到处打工给自己赚生活费，然而，也正是这样，他们感受不到生活的压力和前进的动力，所以在遇到困难的时候，就知难而退，而不是知难而进，把大好的时光耗费在没有太多人生收获的娱乐项目中。

事实上，你发现的困难越多，你遇到的问题越多，你才会有更多的动力和压力去想办法解决问题。大家都说象牙塔里的学子莽撞、不谙世事，事实上，如果你多做一些努力，遇到问题多想一些办法，总会解决问题的，而在解决问题的过程中，你的成长是必然的。试想，当年如果我没有跑茶楼，就失去了从实践中成长的机会，就失去了获得社会知识的良好途径，也就没有后来的种种机遇。

所以，人生不要怕问题，遇到问题是好事，只有遇到问题，才会想到如何解决问题，一生平坦的人，大都一生碌碌。

再说，办法总比问题多，怕什么，大不了就是失败，失败一百次，也许就会迎来一次成功。

不怕，让我们勇往直前，冲向难题！

第三节　所有的善意，都不会白费

人之初，性本善。每个人都有一颗善良的内心，不管世界如何繁复，不管遭遇何等艰难，我们都应该保有内心的善意，不为别人，只为自己内心的宁静和平和。而终有一天，我们会明白，所有的善意，都不会白费；所有的善意背后，成就的都是我们自己。

在我毕业前几个月，学校安排学生到剧院实习，我和另一名学生被安排到了北京的一家大剧院，由于已经有了在茶楼演出的许多经验，我既不感到怯场，也没有感到辛苦，相反，倒是为自己有更广阔的舞台和更多的演出机会感到开心不已。当时，我和我的同学就住在剧院后面一间光线昏暗的宿舍里。

实习还不满一周的时候，我在剧院的后台整理自己的衣服，将脏衣服收拾起来，准备拿去洗，却发现在后台的衣架上，搭着一件看起来脏巴巴的大衣。我当时就想，这是看门老大爷的大衣吗？怎么这么脏？于是我顺手摘了去，和我的衣服一起洗干净，挂了起来。

刚洗完没一会儿，一位中等个头，梳着背头，胖乎乎，满脸慈祥的老大爷就走进了后台，他转悠了一圈，就问了起来："谁看见了我扔在这儿的衣服？"

我一看，就明白了，这位老大爷一定就是那件脏巴巴的大衣的主人，于是我就朝晾衣服的地方一指，对老大爷说："大爷，是那件吧？"

老大爷一看，就愣住了："怎么湿了？"

我笑着对他说："大爷，我看那件衣服太脏了，就给洗了，没事儿，后台热，一两天就干了。"

老大爷歪着脑袋看了我一眼，问道："你叫啥？"

我心想：这大爷真有意思，我帮你把衣服洗了，也不说声谢谢，看来是脏习惯了，我心里觉得好笑，就笑呵呵地对他说："我叫李洁"。

一两天后，大衣干了，老大爷就把衣服取走了，这件事也就被我扔到了脑后。

半个月后的一天，剧团的团长找到我，说剧团的领导要请我吃饭，我一听，吓坏了。

当时大家都说，这领导请刚入团的小姑娘吃饭，无非两件事，一件，是领导看上了你；另一件，就是你捅了娄子，要开除你。我当时就以为，肯定是第二件事，我——必然是捅了什么娄子。

我忐忑不安地问团长："您去吗？"团长说："去。"

这个消息让我紧张了很长时间，直到约定的时间到了，我还是忐忑不安。可那天团长正巧特别忙，她让我先去，说别让领导等着，她忙完随后就去。无奈之下，我一个人走进了那家高级酒店的包间。

对于我这个出身贫寒的孩子来说，这还是第一次走进高级酒店，这里与我曾经演出的那些茶楼，完全不可同日而语，于是，就连向服务员打听包间的位置，我都缩手缩脚，胆怯得很。

没想到一进包间，我却看见了那天那件脏大衣的主人，那位老大爷，看见他，我一下子就不紧张了，心想：看门的老大爷都在这儿，应该没啥大事吧？

我好奇地问老大爷：“大爷，您怎么在这儿？领导呢？”

老大爷笑盈盈地看着我，说：“领导还没来，咱们先点，先吃。”

我有点懵，对老大爷说：“这不好吧？咱们还是等领导来了再点，再吃吧？”可话还没说完，老大爷就点上了菜。他还对我说：“咱们领导人特别好，大方得很，包间有消费额度，不点够，也要扣钱。再说咱们要是不先点，等会儿领导来了，就没我们吃的了。”我一听，老大爷说得也有道理，干脆就先点吧。

菜单递到我手里，我一看就傻眼了，忍不住对老大爷说：“妈呀，咋都这么贵呢？咦？难道这个就是传说中的燕窝？”我的眼睛当时就直了，盯着菜单上燕窝的图片，愣住了。

老大爷一见，就问我：“想吃？”

我笑了，“我怎么敢吃啊？我一个月的工资也就600，这个680，比我一个月的工资都贵啊！”老大爷嘿嘿一笑，没再说话。

最后，我翻来翻去，最终，只点了一个扬州炒饭。

可没想到，上菜的时候，服务员竟然在我面前放了一碗燕窝，我一看又傻眼了，“这不是那个，那个……”

于是我赶紧对服务员说："你端错了，我没点这个，真没点。"

服务员却说："没错，就是您这屋的。"

我看着服务员，来了气，不满地说："你别说是我点的，我可没钱给你。"

此时，老大爷看着我哈哈大笑。

就在这时，团长进了门，看见老大爷就叫："马总"。

我一下子愣住了，这带"总"字的，肯定是个领导吧？难道这看门的老大爷是领导？不会吧，这领导不都穿西装打领带吗？哪有这么不讲究的领导？

直到此刻，我才知道，原来，老大爷真的就是剧院的领导，而且是大领导。

老大爷看我丈二和尚摸不着头脑，就乐了起来，随后，他从怀里掏出一张照片，递给我。

我一看，更懵了，这照片上的女孩，怎么就这么像我呢？

我疑惑不已，看着老大爷，他眯着眼睛，笑着问我：

“你看看这是谁？”

我实话实说：“像我。”

老大爷一拍大腿：“就是你！你这丫头，有点意思，把大衣给我洗了，你在台上弹琴，我就多看了两眼，可怎么看总觉得眼熟，回办公室就翻照片，结果从一年前拍的照片里找到了这张。”

我突然想起来，一年前，我在学校后面的小河边弹古筝，来往的路人中，的确有个大爷给我拍过照片。因为那天我对自己的演奏特别满意，至今还记得那天弹的是《沧海一声笑》，所以也就记住了有个老大爷给我拍照这件事，现在回想起来，貌似就是眼前这位老大爷。

人生吧，有时候就是这么蹊跷，这么有缘。如果不是最初那简单的发自内心的善意，我可能也就不会与这位大爷“再续前缘”。

于是，在此后的半年里，我在剧院里如鱼得水，不仅受到老大爷的关照，也因为古筝弹得好，赢得了广泛的好评。

不过业余时间，我还是奔波在各个茶楼之间，希望能够多攒点钱，能够多见识点社会，不断拓展自己的方向，找到自己的出路。

后来的人生经历证明，我所有的努力，都是值得的，只要向前走，没有哪一步会是白走的。

写下这个故事，呈现给大家，希望那些在钢筋水泥的世界里，冷漠了自己的内心，隐藏了自己的善意的青年人们，能够剥去层层盔甲，放下戒心，重拾内心的善良，不再羞于表达自己的善意。这个世界，其实并不缺少善良，并不缺少温暖，只是都市里的忙碌和紧张，让我们忘记了自己心中那份单纯而美好的善意。

其实，只要我们愿意去表达，没有哪一份善意是白费的，善意背后成就的，是我们自己，不在今天，就在明天，不在明天，就在未来！

第四节 将梦想付诸行动，再难也要奋力前行

人生其实随处都有机遇，在那些看似不起眼的小事背后，往往藏着通向光明的道路，只是这些机遇，只垂青有准备的头脑。只有时刻准备着，时刻留心着，时刻专注着，才能开启未来的大门，踏上通向光明的道路。

从北京的音乐学院毕业后，我在剧院工作了一段时

间，而我的工资，从最初的每个月 600 元，涨到了每个月 1200 元；又从每个月 1200 元，涨到了每个月 1800 元；又从每个月 1800 元，涨到了每个月 2400 元；最后，涨到了每个月 3000 元。来听我弹古筝和来找我学习古筝的人，也越来越多。

当时，还有一个茶楼的老板请我去驻店，承诺每个月给我 4000 元工资。我想了想，还是没答应。我觉得，如果自己的人生，就此局限在一个茶楼里，未免狭隘了些，我要迈向更广阔的人生。

接下来，更有意义的事情出现了，茶馆的老板见我不答应驻店，就改请我去授课，他招了一些学习古筝的学生，请我去教课。这件事，倒是给了我很大的启发，我热爱古筝，并且非常乐意将这门艺术传播出去。

再后来，剧场的工作越来越忙，家长们就带着学生到剧场，找我学习古筝，而老大爷也给我介绍了一名学生，就是这名学生，开启了我的古筝培训之路。

当时，家长们带孩子来学古筝，都是闲时带孩子来学几个月，忙时就不带孩子来学习了，很少有孩子能够坚持学下来，这样，孩子很难真正学会古筝，学好古筝。于是我提出，如果想让孩子学好古筝，一定要坚持。

为了确保孩子坚持学下去，我向老大爷为我介绍的这名学生家长建议，交一年的学费，这样，有了金钱的约束，送孩子来学习古筝，对家长来说，相对更容易坚持地长久一些。

没想到，这位家长当时二话没说，就交了一年的学费，这让我有了第一次有关古筝全年教学的经验。

年轻的时候，谁都有一颗不安分的心，想要展翅高飞，我更是如此。从家乡到音乐学院，又来到北京的音乐学院，如今在北京的大剧场实习，我的内心，充满了对未来的期盼和向往，充满了莽撞而奔腾的激情。而这一年古筝教学的经历，让我终于对自己的未来，有了明确的想法。

于是，在剧院工作了一段时间后，我向老大爷提出辞职，老大爷当时格外惊讶，他问我：“丫头，你打算去哪儿？你以后的生活怎么办？”

我当时已经有了自己开办古筝培训班，兼或开办琴行的念头，于是我对他说：“我肯定还在北京啊，我要在北京待下去，开一个培训学校，我想要开创自己的未来，我不想再给人打工了。”

老大爷看了我半天，最后点了点头，笑着对我说：“有梦想就不要怕挫折，有理想就不要怕泥坑。”

在我辞职那一天，老大爷给我讲了一个他自己的故事，那个故事一直激励着我，直到今天。

老大爷说，七八年前，他做生意亏了本，欠了一大笔债，那笔债数额巨大，大到将他压垮。几乎是一夜之间，他从山顶跌落山谷，而且因为他的失败，家庭分崩离析，几近妻离子散。

于是有一天，老大爷想到了自杀。

那一天早上，他照旧来到自己每天吃早点的包子铺，他打算像往常一样，吃屉包子，然后从自己最熟悉的那栋大楼的楼顶跳下去，结束自己的生命。

然而这一天，却和往常不一样，走到包子铺门前，他才意识到，自己的口袋里空空如也，没有一分钱。

于是，他不好意思地对包子铺的老板说："老板，我今天走得急，没带钱，你看能不能先给我来屉包子。"

包子铺老板笑了，对他说："别说您今天没带钱，就是您一年没带钱，我也照旧给您上包子，您关照了我们那么多，我理当回报。"

说完，包子铺老板就给他端上了一屉热腾腾的包子。

他吃着包子，心情竟然渐渐好起来，他想，"就连卖包子的都肯帮我，我还怕找不到出路吗？不管多大的困难，我总该能够找到解决的办法，干吗要死呢？"

就这样，包子吃完的时候，他放弃了跳楼的念头。

而三年后，他竟然真的还清了那笔巨大的债务，重新站了起来。

老大爷用这个故事，鼓励我在未来的道路上，不管遇到多大的困难，都不要倒下，都不要放弃，都要想办法克服困难，走下去，走到永远……

直到今天，我依旧记着这个故事，我依旧在遇到困难的时候，用这个故事鼓励自己。人生无坦途，没有谁是一帆风顺的，遇到困难不要紧，要紧的是一定不要丧失克服困难的勇气和力量。

事实上，在辞职前，我就已经开始筹划开办古筝艺术培训中心了。而且在辞职前，我就已经在四处寻找可以租用的房子了。当时年轻，还不知世间万事的深浅，从马路两边的电线杆上看到了房屋出租的小广告，就打过去询问。

辞职后，我去看的第一套房子，位于东直门银座购物广场的后面，是小区里一栋居民楼的一楼。当时，带我去看房的中介信誓旦旦，说只要我交了两千块钱订金，就可以先订下这套房子，其中五百元算做中介费，剩下的一千五百元，等两天房东从外地回来，签订正式的出租合同后，这笔钱就直接抵在房费里。我信以为真，当场就交了两千块钱。

可没想到，两天后，我打电话给中介，却无人接听，发短信也没人回复。到了第三天，还是没人接听电话。我有点着急了，自己跑到了银座购物中心后面的那个小区里，敲开了那套房子的房门。房东果真在家，然而他却矢口否认，说自己根本就不认识那名中介，也根本没有收到过中介转给自己的一千五百元订金。

这下儿，我傻眼了。

两千块钱啊，那可是我跑多少趟茶楼攒出来的辛苦钱啊。

我沮丧不已，想要吵，想要闹，可房东根本不理睬我，将我拒之门外。

我气恼极了，可手中无凭无证，连报案都没证据，最终，生了几天闷气后，只好自认倒霉。

有了这次教训，我总算长了心眼，再也不信任电线杆上的小广告了，我到那些挂着中介公司牌子的门店去寻找合适的房子，跑了一家又一家，最终在繁华的国贸附近，找到了一套适合租住的房子。

那时候，我所租的，还不是适合开办古筝培训中心的场地，而是适合居住的房子，我想，自己总得先有个落脚的地儿吧。可不能再莽撞，一定要稳下心来，找到适合开办古筝培训中心的房子。

结果，刚住下不到两天，我就看到所在小区的一楼的一间商铺，贴出了出租的信息。这间商铺是一个茶馆，挂着粉色的纱帘，室内是一间间的格子间，完全是茶馆的布局。我就给房东打电话，提出想要租下这套商铺。

当时，那套商铺的房租是一个月六千元，而我在楼上租的房子，一个月也要一千多元。幸而我在剧院工作期间，省吃俭用，每个周末还到处跑茶楼，总算也攒下了几万块钱，要不我也不敢单枪匹马，一个人出来闯世界。

就这样，我租下了国贸附近这个小区的这间底商，开办了善雅古筝艺术培训中心。

现在，很多年轻人都想自主创业，这是件好事，有梦想的人是值得尊重的，我当年也一样，信心百倍、斗志昂扬，投入了我的创业历程，然而，真正开始创业才知道，创业有多难，从租房开始，老天爷就给了我一个下马威。很多创业者，就是在这样一个又一个的“下马威”面前，低下了头，幸而我从小经历了太多的艰难困苦，所以这点“下马威”，不仅吓不倒我，倒让我更加坚定了创业的信心，我倒要看看，我的梦想到底有多远，我倒要试试，未来到底还有多少艰难险阻。既然决定了将梦想付诸行动，再多艰险都要努力前行，暴风雨只能让我愈挫愈勇，而绝不会将我打倒。

我希望我的经历，能够对正在准备创业的年轻人有所启示，在做好了各种准备之后，一定要做好迎接挑战，迎接困难的准备，如果梦想那么容易得到，那么我们还有什么与众不同的成功可言？

所以，奋斗吧，我亲爱的朋友们。

第三章 世上没有走不通的路

只要拼命向前跑，
就能一步步接近梦想，
这个世界，永远是公平的，
只要你肯努力！

第一节　拼尽全力向前奔跑，梦想总会破晓而出

现在，很多单位都说年轻人不好用，工作不努力，缺乏责任心，而我却想说，在创业过程中，容不得丝毫的懈怠，容不得丝毫的偷懒，如果你拼尽全力向前奔跑，破晓的，就不只是黎明。

中国有句老话，叫做“初生牛犊不怕虎”，在我创

业初期，这句话用在当时的我身上，再恰当不过。不过我办培训中心，可真心是“苦其心志，劳其筋骨”。别的不说，就拿装修来说，我就让那些天天从店铺门前路过的来往过客大跌眼镜。

当时，我手上就那么几万块钱，交完楼上楼下的房租，剩下的，我还得买桌椅，买琴，还得生活，所以我当时只有一个念头，那就是，能省就省。事实上，对于当时的我来说，别说请装修公司，就连装修的小工都请不起。

不过，我从小是和妈妈一起开荒、干农活、做饭、料理家务、做凉皮、打理小饭店长大的，从小我就知道，自己有一双手，可以和母亲一起去开荒种地。那么如今，我也能够靠自己的一双手，去抡大锤做装修！

我从附近的市场买了大锤、螺丝刀、锉子、锯子、斧子……一堆工具花了还不到 100 块钱，然后，我用报纸叠了个纸帽子，就开始抡大锤，砸墙砸门了！

当时有一位邻居，一大早从我门前路过，探头进来，好奇地问我："这间不做茶馆了？"

我笑着对她说："嗯，要改古筝培训中心。"

结果下午这位邻居下班回来，再从门前路过，就睁大了眼睛，推门进来，惊讶地问我："这怎么都变样了？"

她看我穿着T恤和裤子，踩着旅游鞋，带着纸帽子，自己手持大锤，站在被砸倒的格子间的隔板墙中间，眼珠子都快跌了下来。

没错，我也就花了三天工夫，就把屋子里所有的隔断墙和门，统统砸掉了。

那几天，还出了这么一件事。

这屋子里的墙和门是砸掉了，可这装修垃圾怎么弄出去？

物业不许将装修垃圾放进垃圾桶啊。

于是，我就从垃圾站找来一堆编织袋，白天砸好了墙，将碎块装进编织袋里，挨着墙根一溜儿码好。等夜深人静的时候，再悄悄地将一袋子一袋子沉重的装修垃圾拖出去，扔进垃圾桶，上面再用报纸盖好，以免被物业看见。

那时候的我，满身都是使不完的劲儿，满心都是光明，就像当年和母亲一起开荒一样，充满了对收获的期盼。

不过后来，物业还是发现了我的“秘密”，不得已，我只得花 500 块钱雇了一辆车，请师傅把屋子里所有的装修垃圾装上车，拉走了。

接下来的装修，我还是自己动手，自力更生。

我从市场买来壁纸，买来桌椅，买来装饰品，自己动手贴壁纸，收拾房间。那时候，为了省钱，一日三餐，我不是吃方便面就是吃馒头。

那时在旁人眼里，我是年轻漂亮的古筝店的老板，即将开始崭新的事业；然而现在回头看，当时的我过得很辛苦，吃得很简单。可当时我却没有感到过一丁点儿的苦。我是一步步从老家走到北京的，又一步步从剧场里最不起眼的演员开创了属于自己的古筝培训中心，当时的我，心里满满都是干劲儿。

装修完，我就赶忙去办营业执照，当时的我，哪里知道怎么办营业执照，只是听人说，办营业执照要注册资金，最少五万块钱。当时我手里就剩下五万块钱，于是我就把自己所有的钱都从银行里取了出来，塞进包里就去了工商局。

结果那一天，我简直成了整个工商局的笑料，大家都围过来看热闹，估计他们还真没见过，像我这样一进门就将一摞现金摆在柜台上，生龙活虎地说“我要办营业执照”的莽撞姑娘。

当然，人家工商所是不收现金的，营业执照的办理，也是需要按照固定的流程进行的。于是那一天，我把那五万块钱原封不动地拿了回来，重新存进了折子里，然后找了一家代办公司，花了500块钱，请人家帮我代办了营业执照。

这件事，也算是我的“善雅古筝艺术培训中心”开办初始最有趣的乌龙事件吧。

接下来，我就赶紧招生。除了当初剧院老大爷给我介绍的那名学生，我还真没有什么固定的生源。为了这个小事业，我打印了几百张招生启事，还找热心的朋友帮忙做了宣传单，然后就开始跑小区，跑公交站台，四处发放宣传单和招生启事。

那个时候，我充满了斗志，每天早晨5点就起床，去小区附近的河边跑步，跑完步去吃早餐。简单的早餐过后，不到8点，我就拿着传单开始寻找潜在的生源。

我把一张张传单塞在附近小区的门缝里，我站在公交站台上，把宣传单递到来往的每个路人的手里。那时候没觉得自己辛苦，也没觉得自己起早贪黑，就是觉得，递出去的都是希望，每一天都充满了新的希望，每一刻都充满了活力和信心。

在我收到营业执照的前一天，终于来了一位学生，那是“善雅古筝艺术培训中心”的第一位学生，她交了两千块钱学费，当时我的心情格外激动，就好像看见了自己的未来，看见有一天，自己能够像父亲给我起的乳名“海燕”一样，在北京的天空上自由翱翔。

营业执照拿到后，我便请来我的一些朋友、同学，大家一起热热闹闹地帮我张罗了“善雅古筝艺术中心”的开业典礼。

说是开业典礼，其实也就是大家热闹热闹，放放鞭炮，说几句话。

然而，这个小型的开业典礼却引起了大家对“善雅古筝艺术中心”的关注。

就在当天，小区里就有两位妈妈带着孩子来学习古筝。

从此，“善雅古筝艺术中心”陆续有了学生，开始了正常的运转。

说起“善雅古筝艺术中心”的名字，还要感谢从小到人帮助过我的那些人，他们教会我做人的道埋，教会我“以善为本，以雅为怀”，所以，在我能够真正开始自己的事业时，我以“善雅”二字为自己的艺术中心取名。

任何事情，开头都不容易，俗话说，头三脚难踢，我也一样。

前两三个月，“善雅古筝艺术中心”的学生寥寥无几，而且有些学生仅仅想尝试一下，只交几节课的学费，感受一下而已。所以前几个月，我肩膀上的压力非常大，不过现在回想起来，似乎已经完全不记得当时有多难，记忆中留下的，是那些帮助过我的朋友和同学。

当时，为了增加收入，拓宽经营范围，我开始卖古筝。学生们来学习，只要愿意持续地学下去，肯定要买琴。于是我想方设法筹到了一点钱，进了一批古筝。开始的时候没经验，也没有进货渠道，就从北京五道口附近的一家琴行进了一批琴，后来在销售过程中才发现，这批琴的进价实在太高，就算我一分钱不赚，也少有人问津。再后来，我到处打听，终于从学校的老师那里打听到扬州古筝制造厂的联系方式，然后自己跑到扬州的工厂里去进货，这才算拿到了价格合适的古筝，并且有了长久稳定的货源。

两三个月之后，“善雅古筝艺术培训中心”才逐渐在附近小区建立了口碑，也逐渐有了一些固定的学生，我开始忙起来，也开始意识到，光靠我一个人是不行的。于是我请来自己的同学做老师，给学生们教课。

在“善雅古筝艺术培训中心”创办四个月时，已有学生四十余人，老师四人。

我总算度过了创业初期的艰难，我的小事业也总算初见规模。

这四个月，对于我来说，就是破晓前的黎明，非常艰难。在很多走进培训中心的顾客看来，我似乎永远是那个穿着裙子，优雅而轻盈的古筝教师，只有我自己知道，口袋里的钱还有多少，我还能撑多久。不过还好，我从未养尊处优，所以也从未担心过未来，大不了，继续跑茶楼，继续到处弹琴，总能养活自己，所以只要能撑一天，我就继续在这里“享受”一天，享受创业的欢欣和艰苦，享受向梦想奔跑的快乐。再说，当年母亲的小店都能从无到有，一点点成长起来，我的培训中心，为什么不可以成长起来呢？

所以，在第四个月结束的时候，我盘算了一下学员数目，也盘算了一下自己手上的存款，那一刻，破晓的，不仅仅是黎明，而是我坚定不移的信心。生活再一次用现实告诉我，只要拼命向前跑，就能一步步接近梦想，这个世界，永远是公平的，只要你肯努力！

第二节　在踉踉跄跄中受伤，在跌跌撞撞中成长

这个世界，能轻而易举毫不费劲做到的，只有贫穷和衰老，其余都需要努力和坚持！所以，要想拥有光明的未来，就一定要倾尽全力。如果时间能够翻倒重来，虽然辛苦，我还是依旧会选择同样滚烫的人生！

在我看来，这个世界上，从来没有一帆风顺这件事，

即使有，也不存在于我的生活里，我早就习惯了在踉踉跄跄中受伤，在跌跌撞撞中成长。我谨以我的经历告诫所有的创业者，如果你想创业，就不要妄想轻松自如、一帆风顺，没有一条创业之路是无风无浪的，你必将经历无数次受伤，然后才能成长起来。

我的善雅古筝艺术培训中心，就是在踉踉跄跄、跌跌撞撞中成长起来的。

在度过最初的艰难之后，我总算觉得可以喘口气了，可没想到意外又一次降临，位非常受学生喜爱的老师辞职了，这位老师课教得非常好，深受学生爱戴。这位老师辞职之后，近乎半数的学生随着她的离开，结束了在善雅古筝艺术培训中心的课程。这下，善雅古筝艺术培训中心又一次陷入亟待招生的困境之中。

当时，为了增加知名度，我已经开始在一些小型广告公司投放媒体广告，比如在报纸、杂志等媒体上刊登招生信息。当时，我所投放广告的一家公司有一名业务员正巧辞职，他的经验相对丰富，有固定的宣传渠道，所以，我就狠了狠心，将他招了过来。

当时我招聘这名业务员，条件也算苛刻，我把丑话说在了前面："我每个月给你开五千元工资，如果你为培训中心带来的生源，利润达不到五千元，那么我就根据你为培训中心带来的生源的利润额，来减扣你的工资。"就这样，这名业务员，开始为善雅古筝艺术培训中心做广泛的宣传。

这名业务员经验丰富，他在善雅古筝艺术培训中心工作半年，期间善雅古筝艺术培训中心可谓小有起色，虽然我还不能稳坐钓鱼台，但生源不断，培训中心终于不再入不敷出。

不过半年后，因为种种原因，这名业务员还是离开了善雅古筝艺术培训中心，紧接着，我又遇到了一个麻烦，一个让我意想不到的巨大的麻烦。

最初，善雅古筝艺术培训中心的场地签约期限为两年，并且白纸黑字写明：两年价格不变。然而一年刚过，房东就提出涨价，每月6000元的房租要涨到7000元。而当时，由于业务员的离职，善雅古筝艺术培训中心正处在调整阶段，新生较少，老生较多，我实在难以承受这么高的房租。于是，我跟房东商量，可否暂缓交付房租，容我个把月，待培训中心有所起色，再涨房租。

可没想到，我遇到了极为苛刻甚至可以称之为“霸道”的房东，虽然他容我延迟交付房租，但却要求我支付高额的滞纳金。我当时涉世不深，还没有意识到房东提出的像高利贷一样的滞纳金最终会带来什么后果，也没想到自己短时间内很难扭转困境。再说当时也无路可走，我不可能当天就搬走，再说那么多的学生，那么多的古筝，还有两位老师，我怎么可能说搬就搬?

就这样，我继续在北京国贸附近的这处底商经营了两个月，才在附近找到了另一个小区一楼的一套房子，搬了家。

然而，我最终却为这两个月付出了巨大的代价。

在我搬家之前，房东就软硬兼施，甚至带了一些强壮的小伙子来威胁我，要求我支付租金和像高利贷一样超出常理的高额滞纳金。

在我搬走之后，房东又带着一伙人，找到我的新住处，威胁我如果不给付房租和高额的滞纳金，就要砸掉我的善雅古筝艺术培训中心，赶走学生，抢走古筝。

最后，我走投无路，只得四处借钱，还清了这笔无妄之贷。

幸而，我还有好伙伴晓蓉，与我一起经历风雨。

晓蓉是我在剧团工作时，剧团楼上那家饭店的茶艺师，那家饭店，也就是当年老大爷请我吃饭的那家饭店。

晓蓉陪我一起风风雨雨，走过了那些踉踉跄跄、跌跌撞撞的日子。

培训中心搬家之后，我振作起来，重起炉灶，广泛招生。然而，由于新场地并不临街，所面对的学生大都来自小区，生源较少，所以善雅古筝艺术培训中心一直没有红火起来，我也只能努力维持。

最值得庆幸的是，那段时间，我的好伙伴晓蓉一直陪伴着我，与我同甘共苦。

感谢老天给了我一个又一个好老师，一个又一个好朋友，让我能够走过人生的风风雨雨。

后来，为了拓展知名度，广招生源，我又开始到处参加活动，比如到一些会场去弹琴，再比如到一些活动现场去演奏，通过这样那样的活动，不断提升善雅古筝艺术培训中心的知名度。

再后来，为了能够多赚些钱，补贴善雅古筝艺术培训中心，我选择了另一条道路，那就是去做房产销售。

我的理想始终未曾改变，然而，梦想似乎总在远方，虽然看起来，我一直在向梦想靠近，但是真正的成功，还在遥不可及的地方。

当时，没课的时候我就去做房产销售，我一共做了两个月的房产销售，就又全身心地投入到善雅古筝艺术培训中心的工作中去了。

那两个月，我也只卖掉了一套房子，然而那套位于北京国贸CBD的房子，却让我足足赚了八万块钱，也正是这八万块钱，终于让我可以喘口气，安心地拓展我的善雅古筝艺术培训中心了。

当时，培训中心不是特别忙，学生也不算多，而且培训中心面朝小区，没有临街的繁华和吵闹，虽然居于闹市，却有难得的安静。

虽然当时我们屡被投诉，说我们弹琴扰民，但是那一年，却是我过得最安心的一年。

我们租的是一楼的房子，房前还有一个小院子，当时，我的压力已经不是太大了，也不再那么紧张，心境也平稳起来，于是闲暇时，就在院子里种了一些蔬菜。

我种了向日葵、豆角，还种了西红柿和黄瓜，还养了一只兔子。

没事的时候，我就和好伙伴晓蓉一起，在院子里的遮阳伞下喝茶，聊天。

那段日子是我从小到大，过得最美好的一段日子，每天可以坐在小院里看日出，看夕阳，可以在小院里采摘自己种植的蔬菜。

直到现在，我还是非常怀念那段岁月。

那段日子，真的是我从小到大，从未享受过的轻松和惬意的时光。

那样的日子过了一年，我沉浸在从未有过的安逸和松弛中，直到有一天，我感受到了梦想的远离。

我想起了小时候，想起了母亲，想起了曾经走过的风风雨雨，我终于意识到，自己不能再这样过下去。

正所谓生于忧患死于安乐，如果我永远这样优哉游哉地过日子，那么终有一天，我会后悔自己在青春岁月里，没有淋漓尽致地活一场。

于是在一年后，我就搬出了那个小区，搬到了附近一个临街的场地去了。虽然经济压力因此大了一些，但是我终于可以大步向梦想前进了。

其实人生很多时候，的确需要一种平衡，艰难险阻和轻松舒适的平衡，跌跌撞撞和忘却烦恼的平衡，如果全都是苦日子，那么多多少少都会有些悲凉的无奈；然而一味都是甜日子，那么迟早就会像被甜食蛀掉的牙齿一样，失去了应有的硬度和力量。所以，在踉踉跄跄中受伤，在跌跌撞撞中成长，然后就像长跑，总要有一段时间，放慢脚步，蓄积力量，这样才能更好地冲刺。

所以亲爱的朋友们，如果累了，不妨歇一歇；如果倦了，不妨睡一觉。磨刀不误砍柴工，只要没有丢掉心中的梦想，只要不是停滞不前，适度的休息和松弛，便会带给你更多前进的力量。

在创业的途中，让我们像一张弓，常常拉满，蓄势待发；而在那支箭射出去之后，这支弓必然也要松弛片刻，只有这样，才能确保下一支箭射出的力度。

不要为自己偶尔的轻松休闲而感到忐忑不安，感到心怀愧疚，张弛有度，才能更好地在前进的道路上奔跑。

现在，不妨让我们休息一会儿，让刚才射出去的箭，先飞一会儿……

第三节 天下没有好走的路

前些时候，有朋友到我家来，看到我当下的生活，三个可爱的孩子，勤奋上进的爱人，不无羡慕地说："你嫁得好啊，现在过得真不错。"我点点头，可心里却在摇头，亲爱的朋友，这些不过是你眼中看到的我当下生活的一个画面而已，我这一路走来，走了多少沟沟坎坎，你可曾看到？而我现在的努力，你又可曾看到？

不必羡慕别人的生活，天下没有好走的路，所有好走的路，都是下坡路。

老祖宗说得对：人无远虑，必有近忧。居安思危才是正道理。

就拿我自己来举例，在我所创办的善雅古筝艺术培训中心逐步迈入正轨，生源日渐增多的时候，我曾经以为，最困难的时期已经过去，后面的日子总会顺利一些了，但事实上，后来的创业过程虽然没有最初那么艰苦，但是麻烦总是一个接着一个，我从来没有真正轻松过，或者说没有无忧无虑过。

虽然当时培训中心已经搬到了临街的培训场地，生源不愁了，加之前几年我四处寻找机会参加各种活动，积极宣传善雅古筝艺术培训中心，有了一定的积累效应，学生们一天天多起来，我还在北京开办了一家分校，但善雅古筝艺术培训中心还算不上蒸蒸日上，不过也算进展顺利，健康运转，良性发展了。

当时，善雅古筝艺术培训中心已经有了明确的人员分工，有自己的前台、业务、老师和行政，主校和分校经营得也都还不错。

然而，就在这时，我又遇到了一个大麻烦。我的人生啊，真的就是一步一个坎。

当时，善雅古筝艺术培训中心的一位学生，放学后没有被家长接回家。按照惯例，下课时家长们都要按时将孩子们接回家，培训中心不负责看管孩子。如果家长们实在有急事，一定要打电话告知培训中心，说明情况，请老师代为照管。然而这名学生的家长既没有打来电话，也没有按时来接孩子。

于是，老师接着上后面的课程，前台也没有太在意这名孩子，以为孩子的家长片刻即到。

结果没想到，这位家长迟迟没来，而这个六岁的孩子，竟然跑到鱼缸旁，顽皮地捞鱼玩儿。当时培训中心的鱼缸很高，里面盛满了水，有满满一缸鱼，鱼缸的底座是一个木头柜子。这个孩子个头小，够不到鱼缸，就抓着鱼缸的边缘，使劲地向鱼缸里探寻。结果鱼缸在孩子的拉拽下，一点点倾斜，最终坠落下来。

幸而鱼缸并不是瞬间掉落下来，而是一点点倾斜，慢慢滑落，最终，虽然巨大的鱼缸摔落在地面上，碎成一片片，但孩子还是躲开了，只是被突然冲出鱼缸的水泼湿了全身，小腿和小脚被钢化玻璃的碎末划伤，除此之外，并无大碍。

当时我瞬间紧张起来，迅速和老师们一起，把孩子送到了医院，等我们手忙脚乱地给孩子挂号、救治，包扎完毕，孩子的妈妈才姗姗来迟，找到医院里。

我万万没有想到，孩子的母亲看见我之后，二话不说，先给了我一个大嘴巴。

我当时有点傻，一句话也说不出来。

接着，孩子的母亲歇斯底里地大叫，咒骂我，要我支付两百万赔偿款。

我懵了，过了好半天，才终于说出一句话:“您别急，您要赔款，要骂我，等会儿都可以商量，先救孩子。”

随后，我在医院里待了整整一周。尽管医生说，孩子并无大碍，只不过受了些惊吓，观察一两天，没有什么异常也就可以出院了。可这位母亲不依不饶，害怕我溜之大吉逃避责任，非要让孩子住院，还和我一起在医院里待了整整一周。这一周，我除了安慰自己，耐心地守在医院里，别无他法。

一周后，孩子的父亲出差回来，我才总算遇到了一个明事而大度的人。

那位父亲听我讲完事情的经过，又仔细检查了自己的孩子，发现孩子并没有什么事情，就对我说："这件事也不完全是培训中心的错，医药费培训中心也掏了，孩子没事就好。"我这才算松了一口气。

可孩子的母亲却不依不饶，扑上来又要打我骂我。

当天，这位父亲不仅阻止了孩子的母亲继续扑打我，还就孩子的母亲打我耳光一事，向我道了歉。

不过最终，善雅古筝艺术培训中心还是赔偿了这位学生十万元作为了结。

虽然当时善雅古筝艺术培训中心已经开了一家分校，然而事实上，不管是主校还是分校，都只是正常维持而已，别说培训中心，就连我自己，也并没有攒下什么钱，所以这十万块钱，对我来说，真的是伤筋动骨。

这十万块钱，我分四笔赔偿给了这位母亲。第一笔是两万，第二笔是一万八……这些钱，不仅有学校以及我这几年所有的积蓄，还有母亲又一次在老家做的一笔小额信用贷款的钱……

人生的路，难啊……

不过上帝在某地为你关上一扇门，一定会在另外的地方为你打开一扇窗。

这件事过后没多久，我在一次演出中，遇到了当年在剧院关照我的老大爷，也就是“马总”。

那次演出后，老大爷找到我，说：“丫头，几年没见，古筝弹得越来越好了，人也越来越沉稳了。”我笑而不答。

老大爷对我说："丫头，有个机会，你可以出去见见世面，不过有点苦，你去不去？"

我一听，眼睛一亮，我就想多见见世面，多看看这个世界的风光，哪怕风雨。

老大爷说，外交部有一个涉外演出团队，待遇不错，不过就是要经常跟团到国外去演出，大概一年有大半年都要跟团在国外。

我当时一听，连想都没想，就说："好！"

我才不怕苦呢！我是属皮球的，越是挑战，我越要去尝试；越有压力，我跳得越高。

就这样，我加入了这个小小的演出团体。团里人不多，但都是精英，而且参加的涉外演出级别都非常高。

在接下来的一年里，我多次跟团出国演出，不仅开阔了眼界，也增长了心智。

而善雅古筝艺术培训中心，则由晓蓉负责日常事务，团里没有演出的时候，我就回到培训中心，教几节课，料理一些日常事务。

就这样，一年一晃又过去了，眼看善雅古筝艺术培训中心终于在日积月累之后，一步步红火起来，我才长出了一口气，看来，我距离自己的梦想真的不算远了。

这还算是我开办培训中心的几年中，波折较少的一年，说出来，恐怕也让人唏嘘。所以这世间，本没有什么好走的路，就像鲁迅先生所说，世间本无路，走的人多了，便成了路。只有那些用勇气去开拓道路的人，才有可能找到鲜有人至的美景。所以，愿天下所有的朋友们，都有勇气有力量去开拓自己的未来，自己的人生，都能够在看到他人的成功之后，笑着对自己说："我也能行。"

是的，你也能行，只要你肯拼尽全力，总会走出一条属于你的道路。

第四节　有些经历是你绚丽的勋章

岁月不是童话，经历才是人生。这世上，没有谁活得比谁容易，只是有人在呼天抢地，有人却在静默坚守。等待是人生最初的成熟，放弃是命运最糟的堕落。若前行，别怕痛，有些经历是你绚丽的勋章；若拥有，莫惧失，聚散不过是浮生中的轮回。不要追求太甚，不必强求太多，不可奢求太大，接受无法接受的，你在成长；承受不该承受的，你已成熟。

在善雅古筝艺术培训中心开办几年后，培训中心的业务已经完全步入了正轨，虽然不能说一切顺风顺水，但的确越来越红火了，于是我就又和一个朋友，在善雅古筝艺术培训中心附近开了一个茶楼，当时我的人脉相对也比较广了，由于“善雅”的不断发展，需要接洽的事务也越来越多。

于是，我就常常带朋友和伙伴到茶楼去喝茶、吃饭，渐渐地，茶楼的生意也红火了起来。

也就是在那一年，我在茶楼里举办了一场隆重的庆典——善雅古筝艺术培训中心五周年庆典。

那算是我人生的第一个里程碑，这五年来，我付出的所有努力，经历的所有辛苦，终于在那一刻，有了一个完美的诠释。朋友们也非常给力，都来庆祝。我请来了世界各国的好友，其中包括中国著名的手风琴演奏家，意大利的著名歌唱家等许多朋友。

那次庆典，让我终于感受到了成功的喜悦，我为自己的成功感到自豪，我终于可以站在北京的土地上，骄傲地打电话给母亲和外婆,对她们说,“海燕飞起来了！”

善雅古筝艺术培训中心五周年庆典后，我给自己放了一个长假，这是我从小到大，第一次给自己放大假。真的是大假哦，我和一个朋友一起去了三亚，我在海边尽情地玩耍，在海滩上开心地奔跑。

我终于觉得，我的青春我做主，我的人生我做主！

随着善雅古筝艺术培训中心的不断发展，我的演艺生涯也不断迈向新的台阶。

那一年，我参加了在上海举办的“中国达人秀”。

那是我第一次去上海，当时真的觉得上海好繁华，好富丽堂皇，在那样一个金碧辉煌的剧院里，参加“中国达人秀”的演出，我觉得自己的人生又翻开了新的篇章。

当时，我和一位知名歌手合作，表演一个古筝与舞蹈相结合的节目。我用心准备了很久，将几首古筝名曲的经典段落融合在一起，创作了现场演奏的综合曲目，而我的合作者，则用舞蹈完美地诠释了音乐的魅力。

那一场，评委是伊能静、周立波和高晓松，我们的节目获得了这三位评委一致的好评，现场气氛非常热烈，以至于我们在初赛和复赛中，排名一路飙升，从最初的百余名升至前十名。

然而，就在决赛来临之际，善雅古筝艺术培训中心突然出现了一些变故，因为我那一两年一直忙于各种演出，所以对培训中心的管理相对松散，这就导致了教师的严重流失，以及管理上的一些困境。而所有的问题，恰巧就在决赛来临之前，突出地显现了出来。为了能够让善雅古筝艺术培训中心迅速渡过难关，快速重回正轨，不得已，我放弃了决赛，回到了善雅古筝艺术培训中心。

虽然放弃了最后的决赛，但是我并没有太多的遗憾，因为善雅古筝艺术培训中心是我的第一个小梦想，它像我的孩子一样，只要它需要我的呵护和关爱，我就要义不容辞地去拥抱它。虽然没有参加决赛，不过中国达人秀的参赛经历，开阔了我的视野，让我有了更广阔的眼界，也让我对未来更加充满了信心。

紧接着，我接到了一个非常重要的邀请，邀请来自 APEC 会议主办方。那是一场颇为隆重的演出，然而，就在即将参加演出之前，又一场意外降临到了我身上。

当时，为了那场隆重的演出，我订了昂贵的演出服，在演出前几日，几个朋友请我吃饭，庆祝我的事业越来越红火，也预祝我演出成功。

在那顿饭上，朋友点了一个芒果酥。我从小没吃过芒果，就算是这几年，经济逐渐宽裕，也从未尝试过芒果之类的南方水果。当时我觉得味道很稀奇，吃得津津有味。吃完饭，大家围坐畅聊，我却渐渐觉得天旋地转起来，然后就失去了知觉。

再醒来的时候，我已经躺在了医院里。

谁也没有想到，一个芒果酥，竟然撂倒了一向皮猴一样忙碌的我，而且就是因为这个芒果酥，改变了我的人生。这是后话，暂且不提。

当时，我在医院里躺了整整半个月，过敏——芒果过敏——严重的芒果过敏。

过敏让我整个人都变了形，脸肿得像猪头，浑身红肿不堪，演出自然就此泡汤。

一直到半个月后，我出院时，脸还是猪头状，浑身上下还布满了红色的斑点。大夫给我开出院单的时候，竟然还对我说："你很难完全恢复。"

很多朋友看到这里，可能会感到奇怪，我怎么会对芒果过敏，而且这么严重，严重到很难完全恢复。当时我也觉得特别奇怪，反问医生："您觉得因为一个芒果酥，就改变了容貌，这可能吗？"结果大夫叹了口气，给我看了另外一名病人的病历。好吧，和我一样，对芒果过敏，就因为吃了一个芒果而休克，随后昏迷数天，要不是及时送至医院抢救，可能连命都没了。看完这名病人的病例，我只好认命了，我要庆幸，至少自己还没有因为那只芒果酥而数日昏迷不醒。

那是我人生最沮丧最绝望的一段时间，我简直无法面对自己的脸，无法想象自己的未来。

我甚至第一次对人生感到恐惧，害怕自己从此就是这副模样，再也不能走上舞台，再也不能在观众面前演奏古筝。

我一直是一个无所畏惧的莽撞人，从不退缩，从不绝望，也从不安分。然而那段时间，我却十分安分地待在善雅古筝艺术培训中心，哪儿也不去，哪儿也不能去。我甚至连分校都不愿意去，我恐惧极了，真怕自己从此就是这样一张面孔示人。

然而一路走来，风风雨雨，我却从未在人前落过泪。

在我看来，掉眼泪是毫无价值的，还是把眼泪留给自己，把笑脸留给别人吧。

感谢我的学生家长，虽然我曾经遇到过苛刻的家长，但是在我最绝望的时候，却遇到了最好的家长。

当时有一位学生，回去之后对母亲说："妈妈，我觉得李老师整个人都变了，她的脸……"这位学生的家长是开高端美容会所的，她对于皮肤难题的治疗非常有经验，听孩子这么一说，就跟孩子一起来到培训中心，给我打了两盒治疗皮肤创伤的药物。

我当时就知道，这位家长给我带来的药，是国外最好的药，但并不知道价格，而且当时我也没想计较价格，我急切地希望自己的脸能够恢复如初。

等这位家长给我打完，我就问她，“多少钱？”

没想到这位母亲笑着对我说：“不用你付，就是你想付，恐怕也付不起。”

我，愣住了。

等这位母亲走后，我从垃圾桶里找出了药品的包装盒，上网一查，妈呀，一盒药的价格竟然要人民币六万多元，而这位家长竟然给我注射了两盒！

这两盒药，的确让我的皮肤有了一些改善，不再有那么多的黑色素沉淀，但是红肿依旧。这让我更加心灰意冷。

后来，我绝望至极，想起小时候老人们常说，盐能杀菌消毒，于是我就寻思，既然我因为过敏而引起了炎症，那么盐是不是也可以为我消炎呢？

于是，我干脆死马当活马医。

我从市场上买了三百多块钱的颗粒盐，一共几十袋，开始了我的“盐疗”历程。

这是我自创的治疗方法。

每天早晨，我把一整袋盐倒进浴缸，在浴缸里泡上一两个小时的热水澡，一直泡到大汗淋漓才算罢休。每天晚上，我再倒一袋盐到浴缸里，再泡一次热水澡。就这样，一天两次，我整整泡了一周。一周后，我竟然发现，脸上的皮渐渐脱落，红肿的面孔渐渐消肿，连以前经常有的痛经，也有所好转。

老天爷让你在某一时间失去了什么，肯定会在另外的时间补偿给你更多。

就这样，我的脸，在我自创的“盐疗”中，逐渐恢复。

而我那位学生的母亲，一直关心着我，就在我的皮肤恢复之际，她又送来一盒昂贵的进口药。这次治疗，更加有效，使我的脸终于恢复如初。

这段经历，让我又一次对人生有了新的认识，对生命有了新的理解。如果说在此之前，我所有的勇气和无畏，全都来自童年和少年时期苦难的经历，那么这些勇气和无畏，仅仅是应对外部世界的经历，我从未有过太多应对疾病的经历，那么这次经历，让我对来自疾病的折磨，有了无畏的勇气。通过这次的痛楚、无奈，到获得帮助，自己发明“盐疗”，我对疾病有了充分的认识，也有了挑战它的信心和勇气。

有些经历，是我绚烂的勋章，如果不是这次经历，我恐怕还是一个只会勇敢面对外界挑战的女性，而不是一个能够很好地应对疾病的女性。正是这次经历，让我在后来的人生中，不管是遭遇身体的不适，还是经历生儿育女，面对身体的变化，都不会再感到迷茫，感到不安。

所以，身在逆境中的人，真的没必要抱怨，虽然逆境中的你很难、很苦，但这些经历都不会白费，终究，都会成为你最绚丽的勋章！

第四章 你若盛开 清风自来

登峰的过程中，道路除了艰难，也会有回转，上山的道路总是迂回前进的，在漫长的登峰之路中，总有让人平静的回转之路，容你俯身前行，容你看尽山间美景。

第一节　登峰之路，终有回转

人生就是一条上坡路，一直都是。感觉人生艰难，遭遇一场场意外，就是因为你在走上坡路，因为逆境和登峰总是相伴而行的，正因为一直在上坡，才会遇到沟沟坎坎，才会觉得辛苦，觉得艰难，所有好走的路，都是下坡路。

而在登峰的过程中，道路除了艰难，也会有回转，上山的道路总是迂回前进的，在漫长的登峰之路中，总有让人平静的回转之路，容你俯身前行，容你看尽山间美景。

接着上面一节，说说我在面孔恢复之后的经历。当时，我的信心随着容貌的恢复，日渐饱满，我又一次准备扬帆起航。

那个时候，善雅古筝艺术培训中心已经有八位固定老师，我和其中五位没成家的女老师住在一起，另外几位已成家的老师，没与我们同住。

当时，我们五个女孩就住在善雅古筝艺术培训中心附近一套一室一厅的房子里，我们支起三张高低床，一起度过了一段非常开心的岁月。

多年来，我始终保持着每天早晨五点起床的习惯，于是大家就跟着我，养成了早起的习惯。

每天早晨，我们一群女孩子，迎着朝阳去跑步，那副画面，我至今记忆犹新。

那是一幅多么美好的画面啊，充满了希望，充满了蓬勃的活力。

早上跑完步，我们有时候回房间去做早饭，有时候就在外面买了早点回去吃。

白天，我们各自上课，相互照应。

那时候，虽然善雅古筝艺术培训中心已经有了校长、行政、会计等明确的分工，但是我从未将自己放在管理者的位置上，也从未凌驾于任何老师之上。

在善雅古筝艺术培训中心，大家就像一家人一样，同吃同住，同甘共苦，这种家庭式的管理，让这些来自全国各地，远离家乡的老师们感觉非常温暖，也让我觉得其乐融融。

我从小到大，都在奋斗，都在与生活搏斗，到此时，才算是松了一口气，和大家一起静下心来生活。

我们有时候会一起出去玩，比如去 K 歌；有时候会一起窝在房间里看电影。

周末的时候，我们也会从市场里买了菜，一起在房间里做饭，好好地吃上一顿。

那段岁月很美好，不仅对我来说很温暖很温馨，对这些老师们来说，也非常平静和温暖。

当然，现在回过头来看，这种家庭式的管理，为善雅古筝艺术培训中心后期的管理埋下了一定的危机，然而当时，我却觉得非常喜欢那种温暖如家的生活气氛和工作氛围。

也许真的是鱼与熊掌不可兼得吧，要想严格管理，必然会让一些人感受到压力；然而要让所有人都感到轻松愉快，也必然会为后期的严格管理带来一定的障碍。

不过，我传输给所有老师的教育理念是与众不同的。

因为我自己从小就是一个调皮的孩子，不服输的孩子，所以我认为，孩子们并不会天生笨拙，也并不是老师们打压的对象。相反，现在的孩子，接收信息的途径非常多，汲取信息的渠道非常丰富，他们所拥有的知识量和他们的眼界，远远比我们想象的要丰富和广阔得多。也就是说，老师们绝不能自以为是地认为，自己就是孩子的老师，自己是教授孩子知识的恩师；相反，老师和学生之间的关系，应该是朋友关系。因为老师可以教会学生一些知识，同时，学生也会教会老师一些知识。于是，我将善雅古筝艺术培训中心的师生关系定义为朋友关系。这种理念，也是我在长期的教学工作中，通过实践得来的。

我和学生们一起成长，很多时候，是他们教会了我如何工作，如何生活，如何去面对这个世界。所以我从来不会凌驾于学生之上，同样，我要求我的老师们，和我一样，和学生们做朋友，和学生们交心。

在教学之余，我还将我的教学理念传输给家长们。很多家长都自以为可以替孩子选择究竟要学习什么，如何去学习，乃至替孩子选择未来的人生，于是他们要求孩子学习这个、学习那个；要求孩子学成这样、学成那样。但事实上，孩子有自己的思维，他不是父母愿望的实现者，父母们如果要将自己未竟的人生理想强加在孩子身上，那就大错特错了。孩子有自己的喜好、理想和天赋，只有适当地予以引导，才能够真正帮助孩子们成长。

而对于老师来说，虽然我们是老师，但是我们的知识，以及我们的视野，也是有限的，我们能够教授给学生们的知识，也是有限的，所以我希望善雅古筝艺术培训中心的老师们，能够和学生们一起成长，一起去实践更加丰富、更有挑战性的未来。

也许正是因为我们的教学理念如此独特，才赢得了学生以及家长们的认可，从而使得善雅古筝艺术培训中心的学生越来越多，而学生们对培训中心的反映也越来越好。

在工作之余，我还广泛结交一些朋友，我希望自己能够在北京的这方土地上，长成一棵大树，将根系牢牢地扎在北京广袤的土地里。

有一次，我和几位朋友一起去 K 歌，还发生了一场意外。当时，有个朋友在包间里学着吧台服务生的模样，两只手轮流抛起玻璃杯，杯子是抛起来了，但是他却没能接住。结果玻璃杯掉落在地上，飞溅的玻璃碴子划伤了另一个朋友的膝盖。

那也是一场比较严重的意外，当晚，我们跑了三家医院，那位受伤的朋友才得以顺利地缝合膝盖上的伤口。而这件事之后，那位受伤的朋友卧床了很久，我每天都去看望她，照顾她，最后，我和她成了非常要好的朋友。

后来，和我一起住在那套一居室里的五位老师，虽然有的因为结婚，从善雅古筝艺术培训中心离职，有的另起炉灶，自己开办了古筝培训班，但我和她们一直都是非常要好的朋友。就连离职后另起炉灶，自己开办古筝培训班的老师，我都将自己多年的培训经验和管理经验悉数传授，并且还支援了她几架古筝，作为对她的支持。

这些年，随着经历的增长，我愈发意识到，人生的宽度，决定了人生的高度。

不管对于学生还是对于老师，不管对于朋友还是对于亲人，要宽容、包容，但不要纵容。

宽容意味着你的信任和鼓励，支持和帮助；包容意味着不求回报的付出，意味着真心的善待。而纵容则意味着放任，意味着不负责任的旁观。

虽然有时候，对于你的包容，当事人并不理解，然而岁月之后，他终究会明白你的真心，终究会以真心回报你的真心。

登峰之路，终有回转，实现目标的道路绝不是坦途，它总是一条波浪线，有起也有落。在事业的波峰时，要给自己安排休整点，安排出时间让自己轻松一点，开心一点，愉快一点，开阔视野，拓展人生的宽度，只有这样，你的人生才能更有高度。

成功之路，从头开始，登峰之路，终有回转。每一分，每一秒，我们都要活得精彩，要知道，梦想有多远，我们就能走多远，只要努力，一切皆有可能！

第二节　生命的美丽展现在进取之中

青春岁月里，在日复一日的忙碌中，我一直在忽略一件事情，那就是自己的情感问题，倒不是我刻意回避，而是忙碌的生活让我无暇顾及自己的情感。当然，也有一些异性朋友对我很好，其中也不乏几个让我觉得特别踏实，特别可靠的朋友，然而，有时候人与人相爱，并不是仅仅因为信任，信任是成为朋友的基础，但却并不是成为恋人的缘由。当然，也有向我示爱的，也有追求我的，但是我总归还是没能向谁打开心扉，没能无所顾忌地将自己的手，放进谁的手心。

然而生命的美丽总会展现在进取之中，就是在这样的忙碌中，我遇到了一个有趣的“意外”，这次，这个“意外”带给我的，是我从未想象过的另一场人生。

2014 年的冬天，眼看再过一个来月就要过年了，在 12 月 26 日晚上七八点的时候，善雅古筝艺术培训中心里，来了一位陌生的访客。这位访客是看了我在一个微信群里发的招生简讯，来了解古筝课程的。

有趣的是，这个微信群是我在前几天才加入的，而且直到如今，我都没搞清楚，究竟是谁把我拉进了那个微信群。更有意思的是，直到今日，我和那位陌生的访客，都一直认为，那是一个极其不靠谱的微信群。

我当时因为加入了新群，就顺手发了一张善雅古筝艺术培训中心的招生简讯。我的微信平常并不随便加陌生人，那位陌生的访客先在群里提出，要来培训中心学习古琴，从微信群里加了我的微信，然后问我可否到培训中心一看，然后就走进了善雅古筝艺术培训中心。

这位特别的学生三十开外，清瘦的面庞，戴着眼镜，文质彬彬，从外貌而言，并没有让我觉得眼前一亮，在我略微有些保守的内心里，对于可靠男性的定义，还是偏向于强壮而干净的男士，当然，并不是说这位陌生的学生面目不够干净，而是说他人很清瘦，还带了一副眼镜。

然而当这位特殊的学生踏进善雅古筝艺术培训中心的那一刻，我却觉得他的身上，似乎有一种似曾相识的气息，熟悉，而且温和。现在想起来，人和人之间真的有缘分之说，从没有一个男人，像这位陌生的学生一样，让我感到如此的亲和力。

这位陌生的学生从古筝学习的意义说起，说到了中国传统文化；从古筝教学的方法说到了培训中心的管理；从古筝的历史说到了企业的文化……这位陌生的学生，为我打开了一扇窗，这个傍晚的这场谈话，让我看到了一个高屋建瓴的灵魂，让我认识了一位温和可亲的男士。

当然，好感归好感，这位学生对我而言，不过是一位陌生的访客，当夜色渐浓，时针指向十一点的时候，学生散尽，老师离去，我还是感到了一丝莫名，这位陌生的学生，为何还没有任何要离开的表示？

于是我婉言对他说："对不起，我们要打烊了。"而这位陌生的学生却还是没有起身离去，他谈兴不减，一脸真诚，对我说，他还从未和一位异性如此畅快地聊这么久。

善雅古筝艺术培训中心来了这样一位陌生的学生，也并非什么特别的事情。我并不排斥也不讨厌这位学生，但在我看来，他不过是来到善雅古筝艺术培训中心的数以千计的学生中的一个而已，当然，也是最独特的一个。

后来，当我们走到了一起，成为一家人的时候，我问他，为什么当时会对我一见钟情，他跟我说了很多，甚至和我们第一次见面的时候一样，长篇大论逻辑清晰地说了很多。

他说人活到他这个岁数，已经有了一些生活的积淀，已经能够从细枝末节洞察人的本性，而我的言语，我的表情，我的举手投足，都让他觉得舒服，觉得熨帖，觉得恰当，觉得喜爱。他相信自己的直觉，这种直觉，不是草率，而是岁月积淀之后的理性判断。

第三天，这位陌生的学生又来了，这一次，这位独特的学生坐定后，依旧侃侃而谈，不过，他畅谈了没多久，就提出了一个让我略感尴尬的问题。

他问我："李老师，你谈恋爱了吗？有男朋友吗？"

听了这话，我心里闪过一丝不安，这陌生男人有什么心思吗？他这话是什么意思？

不过我还是实言相告："没有。"

接下来，这位陌生男人的话，让我更加不安起来，他对我说："要不，李老师，我们结婚吧！"

我一听，当时就笑了，开什么玩笑，我不过见你第二面，我们从未相识，也从未相知，连普通朋友都算不上，是否能够成为普通朋友都不可而知，怎么能够提出这样唐突的说法？

于是，我摇了摇头，我心想，这个男人，恐怕不是外出"泡良"的已婚男，就是老大不成家的花花公子。

接下来，这位陌生的学生也没有再提什么过分的要求，只是对我说："我可不可以试听一节古琴课？"

这句话倒是没有太超出我的预料，毕竟我们有试听课，而很多学生在最初开始了解善雅古筝艺术培训中心的时候，都是从试听课开始的。

这位陌生的学生去上试听课了，我念及刚才他古怪的问话，觉得还是回避他一下为好，就走出了培训中心。

结果过了一个多小时，这位陌生学生的电话竟然打了过来，他在电话里问我："你怎么还没回来？"

我谨慎地问他："请问你有什么事情？"

他竟然说："咱们俩的事情还没说完呢？"

我回了他一句："我和你有什么事情？"就挂掉了电话。

第四天，这位陌生的学生竟然又一次不请自来，不过这一次，他显然是有备而来，他带了好多好吃的给培训中心的老师们。当他把一袋袋零食堆在善雅古筝艺术培训中心的前台上，把一束"野兽派"的永生花递过来的时候，我有点发呆。这男人，还真是不见棺材不落泪，不到黄河不死心啊。

捧着一大捧花，站在我面前的他，还是昨天的那套说辞，而此时的我，除了感到意外，还感到不安。

怎么可能，我的人生从来都是历尽千辛万苦，才走到柳暗花明，怎么可能有真心真意的有情郎，就这样轻而易举地从天而降？

当晚，他请我和我的老师们去 K 歌，看得出来，他当时非常激动，后来我们回顾我们的恋爱历史，他说当时他的内心，蓬勃的爱意升腾，以至于无法抑制，无可回避。

然而，我还是又一次拒绝了他。这位陌生的学生对于我的拒绝似乎也并不感到太过意外，次日，他还是彬彬有礼地发信息给我：“李老师，请你考虑一下，我们是不是可以先试着交往一下？”

从内心而言，我的确并不排斥这样一位彬彬有礼的男士，但是我的性格相对还是较为保守的，我并不能够接受这样突如其来的求爱，于是拒绝也是自然而然的事情。

现在想起来，这份爱情也许就是登峰过程中最美的风景，爬最高的山，就能看到最美的景，这是攀登过程中的收获，也是登峰之路上最大的快乐。对于当时的我而言，这份收获尚且还不能称之为爱情，或者不能称之为两情相悦的爱情，而是那陌生男士热情的独角戏，但这也让我对登峰之路更加充满了信心，让我更加清晰地认识到——你若盛开，清风自来。

第三节　总有那样一个人，赠你“爱的契约”

爱情这种东西，是人世间最莫测的情感，很多时候，你求之不得，然而还有些时候，你避之不及。

在那位陌生男士到访后不久，元旦来临，善雅古筝艺术培训中心开始放假。

在我多年的倾心培育下，善雅古筝艺术培训中心的经营状况已经非常稳定，元旦前，我安排好老师们的假期值班表，便独自一人去了培训中心附近的一家美甲店。眼看就要跨年了，我也要做个漂亮的指甲，犒劳自己一下。

至今，每当我回忆起当年的抉择，还忍不住会对我的枕边人说："你应该感谢当年那位给我做指甲的大姐，要不是她的一席话，我恐怕这辈子就和你错过了。"

那位给我做美甲的大姐只身一人在北京，颇有些人生的经历，我边做指甲边和她聊天，聊着聊着，就聊到了几天前培训中心来的那位陌生男士，说实话，这位男士给我的印象非常深，也非常好，只是我不能够接受他那样突然的求爱方式，对我来说，那样非常规的闪恋，突破了我的心理底线。然而那位大姐听我讲完我和那位陌生学生的故事，竟然笑着对我说："人世间有很多事情，并非你所想象；人生中的很多事情，远比你想象的更精彩。既然你想象不到，就不必排斥它的出现，不管结局是好是坏，至少你多了一份可贵的经历。"

就是这位大姐的这番话，让我终于鼓足了勇气，发了一条微信给那位陌生的学生，我在微信里对他说:“也许我们可以交往一下试试看。”虽然这条微信违背了我的初衷，但是我当时的确被那位大姐的那番话触动。没错，既然我想象不到，何必要排斥它的出现呢？不管结局是好是坏，至少我多了一份经历。

没想到，我的微信发过去了，却没有得到任何回应。好吧，就当是一场春梦吧。

次日，我已经打算将那位陌生的学生请出我的大脑，他却又一次出现，笑眯眯地站在善雅古筝艺术培训中心门前，那一刻，我突然有点害羞，就像情窦初开的女孩一样，感觉耳根发热，面颊发红。

就这样，我和这位陌生的学生开始了交往。

说是交往，也不过就是吃饭、聊天、看电影，我相对保守，而他却总想就此决定人生大事，结婚了事。所以两个人彼此的恋爱态度，可谓冰与火之间的距离。

转眼到了元旦当日，这位陌生的学生邀请我和他一起跨年，地点是清华大学。

清华大学是这位陌生的学生学习的地方，他说自己每年都在这里跨年，这是他思考、成长，反省自我的必要仪式。这一年，他邀请我与他一起度过这个重要的时刻。

我如约同他去了清华大学。当他带我走上清华大学校内的一个小石桥时，面前出现了一个小岛，穿过石桥，来到小岛，竟然出现了一家别致的咖啡厅。

那个跨年夜，我们聊了很多，从彼此的出身、家境聊到彼此的成长、过往，从彼此的爱好、理想聊到人生的憧憬、目标，他还是和第一次见到我时一样，侃侃而谈，一直聊到 11 点，依旧兴致勃勃。

然而，作为女孩，我还是希望能够早点回去，于是眼看到了 11 点，我便提出返程。他略显失望，不过还是开车送我回家。

有意思的是，那一天，北京的交通异常拥堵，停停走走，走走停停，就这样，我们在返程的途中一起聆听了新年来临的钟声，一起跨入了 2015 年。

至今，他与我都还记得，12 点的钟声响起的时候，我们就堵在北京的东三环上。这也算是我与他第一次共度跨年夜，也是一件非常有趣的事情。现在，他有时候还翻出手机里的老照片，和我一起回忆只属于我和他的旧时光，还有一张当时我坐在他的对面，笑着与他在清华大学的咖啡厅里畅聊的照片。

元旦刚过，元月二号，这位陌生的学生就请我去 K 歌，至今这位陌生学生还保留着我们当年 K 歌的合影。如今翻看，倒还真有点才子佳人的味道，至少，在那次 K 歌过程中，我们彼此都感觉到了内心升腾的爱意。

没过两天，又有一件有趣的事情，那就是他第一次正式以吃饭的名义向我提出邀约。

当时他提出请我吃饭，还发给了我一个地址，对我说：“我今天有点忙，可能会迟到，你先去吧。”我当时听了，颇为好奇，这个人真有点意思，你请我吃饭，还要迟到，还让我先去，我倒要看看你这葫芦里卖的是什么药。

于是那天，我独自一人赶赴他发给我的地址。可到了附近，我越走越觉得好奇，这怎么不像饭店呢？难道这饭店开在小区里吗？我在北京闯荡这么多年，去过很多地方，也经历了很多事情，倒也不畏惧，于是干脆就直接敲开了他给我的地址的房门。

没想到，开门的是一位阿姨。阿姨打开门，第一句话就是：“你来了？这是我今天刚买的拖鞋，你看穿上合适不？”

我愣住了，这位是？

原来这位竟然是那位陌生学生的母亲，而这里，就是他的家！家里不仅有他的母亲，还有他的父亲，他的姐姐和姐夫！

我当时就有点懵，这还真心要跟我结婚啊？第一次请我吃饭，就把我请到家里来见父母啊！

而这位陌生的学生，还真的就像电话里所说，工作有点忙，迟到了一会儿。

在他没有回家之前的这段时间，我难免觉得有些尴尬，毕竟面对的都是陌生人，而且是可能成为另一种亲密关系的陌生人。

这位陌生学生的母亲善解人意，看我尴尬，就向我解释，说自己的儿子从没这样认真地对他们说过喜欢一个女孩，说想和这个女孩结婚，所以他们想见见儿子这些日子时时刻刻心心念念的女孩。

那顿饭吃的是饺子，虽然我不是很喜欢吃饺子，不过温馨的家庭氛围让我颇感温暖，也让我感受到了他的真心。

从此，对于和他之间的交往，我逐渐适应，内心也踏实起来。

转眼就快春节了，善雅古筝艺术培训中心的课程也因为春节长假而越来越少，终于，安排好春节后的课程计划，我打算买票回老家过年。可就在 2015 年 1 月底，这位陌生学生告诉了我一件令我非常意外的事情，那就是他注册了一个品牌，名字很浪漫，叫作“爱的契约”，他邀请我前往建业公馆，去参加一个小型的晚宴。

我如约而知，然而走进建业公馆的大包间，才发现这里早就“埋伏”好了一伙人，这位陌生学生竟然为我安排了一场异常浪漫的烛光晚餐，而他的同事和朋友们，则一起为我们点燃蜡烛，祝福我们走向“爱的契约”！

天啊，这竟然是一场小型的求婚仪式！我当时就愣住了！

而“爱的契约”，竟然就是他特意为我注册的品牌，他送我的求婚戒指，竟然是这个世界上独一无二的“爱的契约”！

当时，面对着长长的西餐桌，我难免还是感到突然，幸福难道真的从天而降？这，是真爱吗？

当时，我歪着脑袋看这位陌生的学生，并未感到异常激动，而在心里认真盘算了半天：我们第一天见面，第二天他就提出结婚，现在我们认识也就一个来月，他还是提议“我们结婚吧”，那么这个男人是真心认准了我这个人，要和我结婚吗？

于是，那天，晚餐结束后，我回到住处，打了个电话给我的母亲，说我谈了一个男朋友，他人很好，想和我结婚，我该怎么办？母亲的回答让我很宽心，她说，一切都不重要，重要的是人要好。这下子，我心里又踏实了很多。

于是，在离开北京回老家之前，我向他提出了一个要求，这个要求听起来很苛刻。

我对他说：“如果你真的想和我结婚，那么过年的时候，你要是和你的父母一起来我家求婚，来了，我们就办订婚仪式。”

他听了，略微皱了皱眉头，说：“我妈三高。”

我一听，笑了笑，我就知道自己这个要求会难倒他，其实我也不是真的想为难他，可他总是催我结婚，那我总要给他出点难题是不是？

我就回答："我不管，反正我就要你和你父母到我出生的地方来求婚，我要从我出生的地方，光明正大，风风光光地嫁出去。"

这个难题出完了，我就回了老家甘肃。

那个春节，我过得还真有点忐忑，不过平心而论，这场恋情究竟能走多远，我并不抱太大的期望，正如那位大姐所说，"不管结局是好是坏，至少有了一段难忘的经历。"

人生很多时候就是这样，你的期望越高，失望就越大，而当你并没有笃定未来的时候，未来反而可能如期而至，倒不是说一切都与期望相悖，而是说，做任何事情，只要努力就好了，不管未来究竟如何，保持一颗平常心，才是最好的状态。

而爱情这件事，更是强求不得，是你的就是你的，不是你的强求不来，而最终总有那样一个人，赠你"爱的契约”。你不必着急，也不必着慌，只要做好你自己，总有一天，那个人就会站在你的面前。

第四节　好的爱情，打开一个新的世界

人这一生，不是先苦后甜，就是先甜后苦，老天爷不可能总是给你一个人苦头吃，也不可能总是给你一个人蜜糖吃。我要感谢它，让我吃了很多苦；更要感谢它，让我在恰当的时候遇到了恰当的人。

我的确是没有想到，大年三十的晚上，我接到了那

位陌生学生的电话，当然，此时，他对于我来说早已不是陌生的学生。他在电话里对我说，他们全家已经买好了机票，明天早晨到我家。

我当时有点懵，几秒钟后，内心激动起来，他真的要来了！他和他的父母真的要来了！这次我是真的激动了！天啊，我什么也没准备，因为我压根就不确定他和他的父母会来我家。

于是，我赶紧告诉我的母亲和家人，大家就赶紧帮忙张罗。

我的家庭在村子里还算是个大家庭，而大家也都知道，我在北京闯了一番天地，所以都跑来帮忙。

订婚这件事，在农村是大事。村子里那些德高望重的老人们都来了，亲朋好友们也都跑来帮忙。以至于，当那位陌生的学生和他的父母从广元机场下了飞机，辗转赶到我家的时候，都吓了一跳。他们没想到我们的家族会有那么多的人，也没想到会有那么多的人来见证我们的订婚仪式。

2015年2月20日，那位陌生的学生和他的父母来到了我家。

有趣的是，在此之前，这位陌生的学生从未来过我家，也不知道我家所在的乡村是怎样的状况，他甚至以为我家很偏僻很落后，落后到连银行都没有，所以干脆背了一大堆现金来做订婚礼。他还认为我家所在的乡村，穷到附近连鲜花店都没有，于是捧着999朵玫瑰，捧了一路，和他的父母一起，来到我的面前。不过事实上，我家所在的乡村附近，的确没有鲜花店，不过农村信用社还是有的。

我不是个物质的女孩，也不爱慕虚荣，倘若我物质，倘若我虚荣，我不会一个人在北京打拼，一个人去闯一条属于自己的路。所以，我没想到他会如此隆重，我只是在提出那个要求的时候，对他说："婚姻对女孩子来说是一辈子的大事，我并不要求多么高档，多么奢华，我只是希望能够通过一个仪式，来表明我们对婚姻的尊重，对未来家庭的敬畏。只有通过这样的仪式，我们在未来的日子里，才会更加珍惜我们的婚姻。”

那是我们村里历史上最隆重的订婚仪式，村子里来了几百人为我们祝贺，电视台也拍了录像。

就在那一天，我终于感受到了人生的圆满，终于可以哭着笑对母亲和外婆。

我所有的辛苦，所有的奋斗，所有的拼搏，终于有了一个圆满的收获。

后来，我问那位陌生的学生，对于他这样一个一切都以缜密和逻辑为基础标准的理工男，为什么要闪婚，他笑着对我说，他当时已经完全没有了理性的框架，只有一种感性的冲动，当然，说冲动也并不恰当，他自己将我们的闪婚，定义为一种理性的直觉下的人生决定。

这位陌生学生和他的父母，一家三口，在我家住了五天，到了大年初七，也就是 2015 年 2 月 26 日那天，我和这位陌生学生一起去了内蒙古，领取了结婚证书。

直到这个时候，我终于将我的未来，固着在了这个男人身上，后来，连我自己都惊讶，为什么一向矜持和保守的我，会成为闪婚一族？

现在看来，当时这个陌生学生所表现出的真诚和善良，正直和热情，融化了我，融化了我的内心，融化了我紧闭已久的心门。

事实上，虽然这位陌生的学生是理工男，但在与我的恋爱过程中，他对我真的是“一见钟情”——虽然后来他常说，他对我是“一见钟情”，而我对他是“三见不钟情”。

我相信上天是公平的，他为你关上了一扇门，必然会为你打开一扇窗，他让你失去了什么，必然会在另外的地方，给予你丰厚的补偿。我在绚烂的青春里，辛苦忙碌、拼命努力，终于在青春尚未散场的时候，遭遇了这场美丽的爱情。

感谢上天，让我遇到了这位“爱情至上”的好男人。

不过这“好事”，竟然一件接着一件接踵而至。

领完结婚证，我们就回到了北京，买好了 3 月的机票，打算去马尔代夫旅行。在我看来，我们可以不追求荣华富贵，但是我们要活得有仪式感，生活需要色彩，生活需要形式，生活的仪式直接表达了我们对生活的态度，对生活的敬意。

然而，就在出发前，也就是在去马尔代夫的前一天，我发现自己怀孕了。当时，连我自己也吃了一惊，因为我从小体寒，从小到大还常常痛经，曾经有大夫对我说，我体寒严重，将来恐怕很难怀上孩子。直到芒果中毒之后，我死马当活马医，自创“盐疗”，痛经才算有所缓解。现在想想，其实，人生真的是“塞翁失马焉知非福”，那几乎置我于死地的芒果，竟然成为改变我人生命运的奇异果，通过“盐疗”，歪打正着地驱散了我体内从小堆积的寒气；而正因为芒果中毒，我不得不放弃演出，无奈地守在培训中心，因此有机会遇到了我命中注定的“王子”。

我忐忑地告诉我的先生——我怀孕了，这位在 2014 年 12 月 26 日与我第一次谋面，在 2015 年 2 月 26 日就与我领取了结婚证书的男人，欣喜若狂，甚至提出取消马尔代夫之行。

而我，却坚决不同意，如果我现在不去旅行，等肚子大了，就更不可能说走就走了。我一直向往到世界各地去旅行，我觉得旅行不仅能够开阔眼界，还能够让我看到不同的人，了解不同的国家；只有看得越多，视野才能越广阔；也只有视野越广阔，人心才能更豁达，更包容，对未来的构想和设计，也才能更高远。

在我的坚持下，先生和我，开始了马尔代夫之旅。

爱情这件事，真的不是领取一张结婚证那么简单，真的开始朝夕相处，我才发现，我们也需要磨合，不过我至今相信自己对他的第一眼直觉，因为我们俩在性格、价值观和世界观上，有太多的近似，以至于即便两个人因为小的细节发生矛盾，发生争执，也能够相互包容，携手攻克难关，一起走向未来。

在马尔代夫的七天，我们争吵的原因只有一个，那就是他总是在接听电话。我们订好了餐厅，准备去吃饭，结果他的电话接二连三地响起；等我们终于到了餐厅，终于坐在了丰盛的餐桌前，他却又开始接听电话。那个时候，他的工作非常忙，正处在事业的转型期，极为紧张，也极为焦虑。我当时并非不能够理解他，但是在我心里，我一辈子也就这么一个蜜月旅行，虽然旅行未来可能还会有很多，但是这是我第一次和他外出旅行，也是我们的蜜月，他这样地冷待我，未免有些不够尊重，不够重视。于是那次旅行，我们小一半的时间都在怄气，最后，我干脆赌气钻进小岛的丛林里，他找了我好久，才找到。

我俩吵架堪称“有趣”。这个理工男喜欢讲道理，不管大事小事，只要他觉得自己有理，就要掰开了揉碎了跟我把道理讲清楚，有时候我还有耐心听，有时候我真心听不下去，可如果你不听，他就会觉得你不理解他，然后就继续说，甚至可以说上一整天。往往我一肚子的气，最后听来听去，听得要吐，干脆就摆摆手，算了算了，可他还在讲，讲得我最后实在无力应对，只好说：“对，你说得对。”其实，我就是为了能够让他不再说下去，耳朵都要听出茧子了，再说，我们大老远跑到马尔代夫来，是来玩的，是来欣赏风光的，不是来听你长篇大论的。

不过再吵，我和理工男最终还是能够相互包容，也许是因为他大我一些，相对更成熟一些；也许是因为我从小到大经历了很多，对当下的生活唯有感恩吧。总之，在蜜月旅行之后，我们算是初步度过了“磨合期”，开始步入柴米油盐的家庭生活。

从第一眼见到他到我们结婚，仅仅两个月时间，这对于我来说，是完全不可预想的闪婚。这两个月对我来说，完全是新的人生篇章，我整个人都觉得有些不适应，倒不是觉得自己还难以驾驭这样的变化，而是觉得人生的变化怎么可以如此之快。

这两个月，在我的人生旅途中，算得上一个新的里程碑，我看到了更广阔的世界，这个世界中有他，有他的家人，有未来的家庭，还有更广阔的人生。后来和很多女性朋友聊爱情，她们对于爱情各有高见，对于婚姻，却大都认为太束缚，让她们失去了太多接触世界的机会，然而我却认为，好的爱情，不是为你关闭通往世界的大门，而是为你打开一个新的世界，不过这有一个前提，就是你自己不要把自己的世界束缚在婚姻里。再后来，在我的婚姻生活中，我用自己的实际行动证明了我的观点，我和爱人齐头并进，一起努力，奔向了彼此最好的未来。

第五章 我不是女神

任何事情都有可能走向光明，
也都有可能走向灰暗，
重要的不是它究竟会走向哪里，
而是你要引导它走向哪里。

第一节 婚姻也要有仪式感

经常有朋友问我，“女人怎样才能嫁得好，什么才是嫁得好”，于是我常常回想自己的爱情历程。

我在短暂的恋爱期间，乃至结婚后，都不曾问过我的先生到底拥有什么，也没有问过他的过去以及他的未来。而他也从没问过我。也就是说，在我们结婚之前，乃至在我们结婚之后，我对于他的经济状况都没有做过了解，我既不知道他和他父母所住的房子是不是他自己的，也不知道他有多少存款。

我当时只有一个单纯的想法：既然你认定我，我也认定你，那么我们就不妨一起走过一段人生的岁月。不管未来如何，只要我认定了你，我都有勇气前行。我不问，是因为我和你在一起，并不是因为你拥有什么，也不是因为你的未来可能怎样，而是因为你这个人。再说，我什么苦日子没过过，我也不在乎苦日子，两个人有两双手，两个智慧的大脑，不怕日子过不好。

婚姻是两个人灵魂的交集，所有的物质基础，所有的柴米油盐，不过是世俗的标准而已，如果没有两颗相互爱慕、相互依靠的心灵，一个屋檐下的生活再奢华，也是煎熬。老祖宗说得没错，有情饮水饱，只有两情相悦，才能天长地久。每个人都赤条条来到人世间，终究还会赤条条地离开这个世界，生不带来死不带去，所以我们又何必要在乎对方拥有什么。至于我们的未来究竟如何，我也不在乎，我本来就一无所有，更不怕失去什么，不管什么时候，我都有勇气去面对去迎接当下的一切。而当下，哪怕未来我会后悔，也不要错过人生的经历，因为经历才是人生最大的财富。

正因为这样想，我才勇敢地接受了闪婚这件事，也正因为我的无畏和勇敢，才让他感到了爱情的完满和婚姻的稳定。

事实上，从小到大经历了那么多，我早就把一件事情的结果看得非常淡了。任何事情都有可能走向光明，也都有可能走向灰暗，重要的不是它究竟会走向哪里，而是你要引导它走向哪里。

每个女人都要有驾驭生活的勇气和驾驭生活的能力，你要做自己生活的主人，不管你身边的人如何对你，你都要勇敢地展开自己的人生之帆，像一只海燕一样，在无边无际的大海上精彩地飞翔。

也许正是因为我的独立，我的坚定，我的勇敢，才让我收获了完满的爱情和婚姻，至于未来的婚姻道路上，会有多少磕磕绊绊，我都不怕，而我的爱人，也正因为我的信心，对我们的未来，充满了幸福的憧憬。

从马尔代夫回来之后，先生就开始紧锣密鼓地张罗婚礼，而我除了经营善雅古筝艺术培训中心，生活节奏也因为孕育了新的生命而逐渐慢了下来。

那时候，他每天晚上下班后，都会和我商量婚礼的筹办事宜，甚至常常熬夜写婚礼的策划案。他组建了几十个婚礼筹划群，请大家群策群力，帮忙策划婚礼。而每当他熬夜筹划我们的婚礼时，我差不多都已经在床上呼呼大睡。这样一个连婚礼都如此重视、如此用心的男人，让我的内心熨帖而感动。

先生为了我们的婚礼，专门请了一家会务执行公司，他甚至召集亲友团开了八九次策划会，一再修改婚礼的方案。这份尽心尽力，让我感受到了他对于爱情、对于婚姻的虔诚，也感受到了婚姻的幸福。

当然，爱情的磨合一直在继续，就连拍摄婚纱照，我俩也发生了一点小小的争执。拍摄婚纱照当天，我拿了一件自己的裙子，直奔拍摄地点，却没想到，他看见我拎着自己的裙子跑来，就皱起了眉头。在他看来，婚纱照是一生最重大的留影之一，一定要穿特别定制的服装，一定要有新意，一定要尽善尽美。不过最终，我还是穿着自己的裙子拍了一组照片，其中的几张，至今还放在我家的电视柜上。在我看来，对人生仪式的重视，在于内心而不在于形式，当然，先生的要求也没有错，内心的真情实意，也要借助形式来表达。

我们的婚礼于 2015 年 5 月 30 日，在位于国贸附近华贸中心的 JW 万豪酒店举行，当时我们整整请了 32 桌亲友，有 300 多人参加我们的婚礼。我至今还非常感谢我的朋友们，其中有 8 位朋友做了我的伴娘。我还非常感谢我的先生，他将我的外婆和母亲等几十人，从老家请来，对于那些老人来说，那是他们第一次坐飞机，我希望能够通过我的婚礼，让他们拥有一次别开生面的旅行。

在婚礼现场，我给我的先生颁发了一个“最佳男友奖”，感谢他给了我一场梦幻的婚礼，给了我完美的婚姻。我们都通过这场尽心尽力，尽量尽善尽美的婚礼，完成了这场对于彼此的人生来说都至关重要的仪式。

在我先生一而再，再而三的完善下，我们拥有了一场有“灵魂”的婚礼，这让我们彼此都相信，在未来的岁月里，我们必将拥有一场灵魂丰满的婚姻，必将拥有一生灵魂丰盈的爱情之旅。

我的先生将我们的婚礼主题定名为“琴缘”，意寓我们因琴而结缘。

在婚礼上，我和我的先生喝了交杯酒，酒杯是我的一位学生送的，那对杯子名为“天目”，感谢老天爷开眼，让我们遇到彼此，走到了一起。

现场，我们还邀请所有在场的人，十年后再聚，来见证我们的锡婚。

婚礼过后，我更多的感受是感动，感动他为我付出了那么多，为婚礼付出了那么多。直到今日，我依旧感谢我的先生筹办了那样一场隆重而盛大的婚礼，从婚纱到乐队，从录像到司仪，都力求尽善尽美，以至于在婚礼上，我感动地热泪盈眶，而他也和我一样，为我们的相识相遇、相爱相恋，乃至为未来的婚姻，激动不已。

后来，每次两个人发生争执，我都会想起那场婚礼——想起那场盛大的婚礼，我的内心就不再纠葛——遇到这样尽心的一个男人，已经是我的福赐，生活中的磕磕绊绊，没必要再去计较。

有趣的是，后来，善雅古筝艺术培训中心的姐妹们常常调侃我和我的先生，她们说这位陌生的学生，一节课的学费都没有交，却把培训中心的校长给拐走了。

再说回善雅古筝艺术培训中心，婚后，我依旧经营着我的事业，我始终认为，女人永远不要失去独立的心灵，这不是单纯的要强，而是一种自我的认可。如果你连自己都失去了，你还凭什么要求别人去爱你，去尊重你。

现在很多年轻人动不动就提出“裸婚”，貌似自己很勇敢，我并不赞成，并不是说一定要有一场隆重而盛大的婚礼，而是说婚姻一定要有仪式感，在人生的旅途中，你的重视程度，决定了你未来能走多远。如果连最初的婚礼都“裸”了，那么这场婚姻未免过于敷衍，也就难保在未来的婚姻进程中，双方一旦发生冲突，不会轻易生出离婚的念头。婚姻的牢固度，必然和双方对于婚姻的重视程度成正比，所以我不赞成“裸婚”。而隆重且盛大的婚礼，并不意味着一定要奢华，一定要花很多钱，婚礼场地甚至可以选在野外、草地，婚礼现场可以布置几百个气球，鲜花可以用手工制作的花朵代替，总之，钱可以省，但仪式不能省，重视程度不能忽略。只有有仪式感的婚姻，才能抵御平淡的家庭生活中那日复一日的辛苦、沉闷甚至是艰难，因为我们都爱着，而且我们都隆重地爱着对方，爱着这个家！

第二节　公主和王子从此……

都说婚姻是女人的第二次生命，我对此深有感触，好的男人，不是为你关闭了一扇通往世界的门，而是为你打开了一扇通往世界的窗。

相比较而言，对于生活，我先生远比我要精致和细腻得多。他单身时，一直过得非常精细，可以说过着一尘不染、井井有条的生活。然而等他真的和我在一起了，就不得不接受我的大大咧咧了，而我也不得不收敛我的任性，耐心细致地生活。

婚姻不仅仅是生活细节的相互改变和相互包容，还有很多很多。

夫妻之间最难的是信任。

我们也曾经因为一些事情争吵，最严重的一次，我挺着大肚子，离开北京，回了老家。当时连先生的父亲都拦着我，可我就是咽不下那口气，直到他同意协议离婚，我才回到了北京。

然而，下了飞机，看到他，我的心就软了，而他也不再强硬，两个人终于翻开新篇章，重新开始。

后来，我反复思考过我们在结婚第一年时发生的种种争执，事实上，我们在恋爱阶段，从来没有向彼此“交过底”，双方都不了解对方的经济状况，所以在婚后，当他了解到我为了弟弟去举债，宠爱弟弟到溺爱的程度时，他对我感到恼怒，对我不告诉他事情的真相而感到失去了我的信任，也是可以理解的。而我后来，也在他的长篇大论后，终于同意了他的看法，不再庇护已经年近三十仍旧万事依赖我和母亲的弟弟。

两个人相互敞开心扉，是一个循序渐进的过程，从最初的相互吸引，到逐渐相识相知，相互信任，需要一个过程，在这个过程中，相互的体谅和理解非常关键。

我在进入婚姻生活后，逐渐感受到了肩膀上的重担。

原先，这个家是我的婆婆操持，大事小情都是她操心，她做主。后来，家庭的重担就逐渐转移到我的头上。

首先，2016 年 11 月 8 日，老大出生后，家里的大事小情，婆婆就忙不过来了，请了阿姨，然后各项事宜，我就得跟着一起操心。

紧接着，先生不小心踢伤了右脚的大脚趾，因为大脚趾骨裂，右脚打上了石膏，于是，我就担任起先生的私人助理，天天推着轮椅，送老公去拜见客户。一直到后来老公可以摆脱轮椅，拄着拐杖去拜访客户，去公司办公，我的私人助理工作才算告一段落。

再后来，我们还因为司机问题吵过架。当时，先生的公司请了司机，他开心地对我说，“老婆，你不会开车，以后有事可以让司机载你去。”可我就用了两次车，他就又对我说：“老婆，司机是公司办公用的，不要和家务事搅和在一起好不好？”我当时听得恼火，最初是你说让我用的，如今又改口，真是可气。不过后来我也理解了，先生说得不无道理，本身公司和家用就不应该混淆在一起。

就这样，在一年多的磨合之后，我俩终于不再过多争吵了，和谐的生活逐渐让我们的五口之家充满了笑声。

紧接着，我又怀了二宝，这下子我可是真的忙不过来了。既要照顾大宝，又要安排家里的大事小情，还要照顾两位老人，还必须照顾好自己肚子里的二宝。于是，我不得不暂停了善雅古筝艺术培训中心的业务，专心在家养育孩子，照顾家人。

关停善雅古筝艺术培训中心并非我愿，而且令我很不开心，不过先生的一番话，让我找到了另一种自我价值的认可。

那就是在我的先生看来，如今，我已然成为“一家之主”。他对我说，在我之前，他一直依赖他的母亲，他的母亲从他大学毕业就到北京来，为他料理衣食住行，这么多年，他从未为家操过心。而如今，有了我，他更加安心，他看着他的母亲对我越来越信任，将家庭的重担转移到我的头上，从每一餐饭的安排到阿姨的聘用，从家庭购物到照顾老人和孩子，我所做的一切，都令他颇为安心，也颇感温暖。正因为我的努力，他越来越有斗志，越来越想把公司做好，为我和孩子们争取更好的生活。

而他的努力，我是看得见的。

他坐着轮椅去拜访客户，他拄着拐杖去公司，他和一群同事开会开到半夜一两点，他为了应付难缠的客户绞尽脑汁，这些，都是我亲眼所见，我信任他，爱他，既然他为我和家庭付出如此之多，那么我也心甘情愿，做他背后的女人。

大家都说，成功的男人背后，一定有一个好女人，事实上，成功的男人，首先是个好男人，才能赢得好女人的信任和付出。

2017 年，我们的二女儿出生，又是一个乖巧漂亮的宝贝，他开心极了，而他的父母也欣喜不已，五个人的家，变成了六个人的家。

就在二女儿出生后，蛰伏已久的我，终于开启了人生的又一场奋斗，那就是“爱的契约”！

当时，我倒不是没有想过继续开办琴行、开办古筝艺术培训中心，只是两个女儿都还小，一个两岁，一个不到一岁，家里有两位老人，两个娃娃，两个保姆，这么大一摊子，我怎么可以每天在外安心工作。

所以，我的第二次创业，从珠宝销售行业开始，准确地说是从做一名微商开时，这次转行，也和先生最初求婚时，为我注册的“爱的契约”有关。人生的很多事情，都是为了爱。正因为有了“爱的契约”，才启发了我，走上了珠宝销售行业。

当然，珠宝行业对我来说，是一个全新的领域。不过我并没有丝毫畏惧，相反，比起当年开创善雅古筝艺术培训中心，我更加胸有成竹。因为我有了安稳的家，有了经验，也有了更多的支持和后盾。

更关键的是，这一次，我可以在家工作！我特别享受在家工作的便利，可以一边照顾孩子，一边销售珠宝，我既可以躲进书房，和客户交流，也可以走进客厅，和宝宝们玩耍。

我至今感谢最初做微商的那段经历，它让我得到了客户的支持与认可，也让我一步一步地积累了大量的经验和铁粉，才逐渐走到了如今。

不过有意思的是，我家好事成三，伴随着我的第二次创业，二宝还没到一岁，我就又怀了三宝。

好多朋友问我，结婚三年三个娃，累不累？说实在，我们还真不是刻意要生三个娃，老天给了，我们就珍惜。

怀三宝的时候，我一边料理家里的大事小情，一边研究珠宝行业，我发现，这个行业，是一个相对高端的行业，你所经营的产品，不仅仅是冰冷的石头，而是和这些石头一样熠熠闪光的美丽人生！你所传达的，也不仅仅是一块石头的价值，而是这块石头所蕴含的千万年的岁月之光，紧固而美丽的自然之美！而这些石头，就像我们的人生，锤炼越久，就越珍贵。

于是渐渐地，我喜欢上了珠宝行业，我甚至把家里的一间书房，改造成了我的展室。

先生和公公婆婆都非常支持我，婆婆甚至很多次在亲朋好友面前这样夸赞我："我就喜欢李洁，她有活力，有干劲，从不闲着，她这样努力，我们都觉得生活很有奔头。"婆婆的话很通俗，却也非常实在。我不是好吃懒做的人，我的确闲不住，从小跟着母亲一起开荒长大的我，怎么可以纵容自己的人生，在某一段时间，荒芜起来？

就这样，我从最初代理某个品牌的珠宝，到专做翡翠，到成为“爱的契约”系列的品牌创始人；我从怀孕期间做微商，在手机朋友圈里刷屏，卖珠宝，到招聘代理，成立自己的珠宝工作室，再到自己购买原石自己加工创新，做高端翡翠私人订制……

珠宝制作也是一门艺术，所有的艺术，都有相通之处，珠宝的美感和音乐的韵律一样，有其规则可循，有无限的空间可以去发挥……

而因为爱，我的先生一直支持我，鼓励我，走向“爱的契约”，将“爱的契约”推向市场，推向世界……

在童话故事里，王子和公主从此过上了幸福的生活；而在我的人生故事里，王子和公主从此走向了“爱的契约”……

这个人世间，依旧没有容易的事情，依旧没有坦途，然而，拥有了宽容和无畏的心灵，拥有了豁达和智慧的头脑，就能不断找到趋近完美的方向，走向自己的未来，而我的未来，如今已经真的熠熠闪光，它和那些美丽的珠宝一起，载着我，驶向更幸福的地方。

第三节　梦想总是跑在前面，这就是动人的生命奇迹

当下，身边的有些朋友，常常会问我，你是怎么做到的?

是啊，照顾三个孩子，经营自己的珠宝工作室，还要照料好自己和老公的衣食住行，更让我欣喜的是，最近这一两年，我又有机会外出演出，演奏古筝了！我原

本的梦想，在忙碌的现实面前，终于又一次闪亮起来！

那么，照料好家里的三个孩子、两位老人，就连周末家庭出游，都是老两口、小两口、三个孩子、两个保姆，一共九个人出行，我如何应付得如鱼得水，悠游自在？

每每听到这个问题，我都笑而不答，不是有很多成功学课程，说人的潜能是无限的吗？我倒不是觉得，为了成功，要发挥全部的潜力，而是觉得，因为有爱，我拥有了无限的能力。

就像我的品牌“爱的契约”一样，我的人生，其实一直在追求一份“爱的契约”，与亲人之间，与梦想之间，与爱人之间，与家人之间，与珠宝之间，与世间万物之间的“爱的契约”。因为有爱，所以宽广；因为有爱，所有持久；因为有爱，所以幸福。

百年修得同船渡，千年修得共枕眠，夫妻就是这一条船上的两名水手，遇到风浪，只有共同努力，协同前进，才能将这艘婚姻的船开进幸福的港湾。

为人妻者，一定要有为人妻的度量和担当，你撑得起半边天，他才有信心和你一起撑起整个天空。

如今，有一些新朋友，偶尔会说："你嫁得好。"事实上，不是谁嫁得好，而是不论你嫁给谁，都要有能力和他一起把日子过好，携手走向更好的未来。如果一味地抱怨、唠叨，而不去努力，放弃了自己的工作和生活，放弃了自己的尊严和圈子，那么就算你所嫁的人走得再远，你也并不是和他齐头并进、齐心协力开创新生活的那个人，你也得不到所有家庭成员的尊重和爱戴。

所以不管是女人还是男人，永远要有梦想，永远要为自己的梦想努力，你可以在登峰之路上略作休息，也可以在道路回转之时乐享登高望远的美景，然而，你永远不可以懈怠，永远不可以停下脚步。梦想总是跑在前面，这就是动人的生命奇迹。

如今，我最大的心愿，就是将"爱的契约"传承，这不是商业的传承，而是家庭理念的传承。我要将自己这几十年的人生经验和感悟，传递给我的孩子们；要将我的爱人这几十年的人生智慧和原则，传递给我的孩子们，让他们懂得如何去生活，如何去爱。

当然，我还是我，还是偶尔会生气，偶尔会郁闷，偶尔想一个人出去走走，散散心，偶尔也会跟老公要点小温暖、小惊喜的女人。我出身平凡，生活平静，却终于可以按照自己的想法，活成自己心中的女神，我活得不像谁，只像我自己，我，也只活成了自己心中的女神。当然，我无法和国民女神们比肩，但是至少在我自己的世界里，在我的人生里，当下的我，算得上女神。

而且，我要一辈子做女神，不管世事如何，不管未来如何，不管前途还有多少波折和叵测，也不管老天爷还要赐我多少磨难和艰辛，我要一辈子做我自己的世界里的女神，爱自己，爱家人，爱这个世界，因为，我和这个世界，有一份永恒的“爱的契约”。

万物可爱，一切明朗，未来可期。

愿你们每天快乐幸福，未来拥有自己喜欢的人生。愿你们未来的婚姻，是因为爱情。愿你们此生少一些烦恼，多一分坚定。

记住，无论这个世界对你怎样，都请你一如既往地努力，人生是一场一个人的旅程，无人可替代。

——写给孩子们

有些经历是你绚丽的勋章
有些未来是月圆的收获
有些梦想铸就生命的奇迹
祝愿天下所有女子
都能活成自己心中的女神